中国环境设计学年奖

第十届全国高校环境设计专业毕业设计竞赛获奖作品集

中国环境设计学年奖组织委员会　编

U0271554

中国建筑工业出版社

图书在版编目(CIP)数据

中国环境设计学年奖/中国环境设计学年奖组织委
员会编.—北京：中国建筑工业出版社，2012.11
　ISBN 978-7-112-14919-3

　I.①中… II.①中… III.①环境设计－作品集－中国－
现代　IV.①TU-856

　中国版本图书馆CIP数据核字（2012）第275810号

责任编辑：张　晶
责任校对：刘梦然

中国环境设计学年奖

第十届全国高校环境设计专业毕业设计竞赛获奖作品集
中国环境设计学年奖组织委员会　编
*
中国建筑工业出版社出版、发行（北京西郊百万庄）
各地新华书店、建筑书店经销
北京嘉泰利德公司制版
北京方嘉彩色印刷有限责任公司印刷
*
开本：880×1230毫米　1/16　印张：15　字数：460千字
2012年11月第一版　2012年11月第一次印刷
定价：128.00元
ISBN 978-7-112-14919-3
　　　　（22961）

[前言]

延续九届的中国环境艺术设计学年奖，在 2012 年的第十届正式更名为：中国环境设计学年奖。"走向环境的设计"作为清华大学美术学院环境艺术设计系建系 55 周年系列活动的主题，成为今年设计学界所关注的亮点。国家高等学校专业目录的调整，在决策层与学术层激辩的数度博弈后，终至尘埃落定。"环境设计"的称谓正式列入专业目录，在设计学下属的二级学科中实至名归，成为学界共识度最高的专业名称。学年奖在中国高等教育历史节点的第十届以环境设计的概念归零，对于所有教育者无疑是发起了面向生态文明建设在学术与专业领域的挑战。

环境设计：优化自然、人工、社会三类环境关系的设计。具有环境体验的审美特征，尊重自然与人文历史，以建筑为主体在其内外空间进行的微观综合性设计。始于室内装饰、建筑装饰概念的室内设计，发轫环境艺术的环境设计，在中国孕育了一个甲子，整整60年。即便是社会对于学科的非专业印象，在1988年"环境艺术设计"第一次载入国家高等学校专业目录时，已经出现如下言论："室内设计绝不是由装修匠师们对建筑总体设计已经确定下来的有限空间，进行一点装饰、补救或点缀，而是研究空间构成的合理的美，研究如何合理地掌握和发挥装饰功能的分寸，甚至更加关心创造或服务于人类精神功能的环境。这门学科，目前与规划、建筑、园林、市政等共同融汇于环境设计的总体之中，未来将在社会的、生理的、心理的、艺术的与科学技术的关系中，发展成为一门新兴的人文环境设计学科。"[1]可见，今日环境设计得以正名，绝非一蹴而就，它与中国社会发展的文化传承密切相关。

环境设计学年奖自身的发展，已经证明其所具有的开放与包容特征。这是由于环境设计学科的交叉性与专业综合性，所体现的历史与理论基础，源于城市、建筑、园林、室内等专业领域。在这个广阔的平台上，设计教育教学的主要内容，应该体现在设计教育思想的五个方面。

（1）中国传统文化传承在学习中的主体性。通过华夏文化哲学思想体系：整体性、系统性、综合性特征的设计学理论学习心得，使其上升到设计学认知基础的思维层面；

（2）明确精准而熟练设计表达能力的重要性。将掌握描绘造型技能上升到设计工作必备的技术基础层面；

（3）突出设计程序艺术思维的主导性。掌握设计原理和方法，通过举一反三的思维推导过程，兼顾动手能力在视觉传达与反馈中的作用，视其为设计方法的技术基础；

（4）维护专业学习中艺术与科学素养培育的整体性。将提高艺术修养与审美能力和掌握专业的科学理论与技能统一在设计系统中；

（5）强调设计学的实践性与开放性。明确生产实践中传统技术与现代技术并重，生产技术中注重新材料与特质处理的观念。开放视野学习国内外先进经验的观念。

在正确设计教育思想的指导下，研究环境艺术与环境科学关系的问题，了解并掌握环境设计问题既古老又有新挑战性的学科规律。学习并具备理论研究与实践结合的能力，掌握环境体验与审美创造相结合进行优质环境设计的知识。成为环境设计教育者和受教育者共同努力所要达到的教学目标。

---

[1] 马兆政：《短暂人生——一个艺术青年的追求》95页，沈阳：辽宁美术出版社，1988年10月第一版.

在设计学的理论框架下，环境设计知识领域中的相关课程，需要按照：设计历史与理论、设计思维与方法、设计工程与技术、设计经济与管理，这样四个板块去建构。

设计历史与理论。立足于环境设计是研究自然、人工、社会三类环境关系中以人的生存与安居为核心的设计问题的应用学科的基本认识，以设计致力于优化人类生存与居住环境整体协调的理论及方法的研究为主旨。

设计思维与方法。从人与人、人与自然关系的本质内容出发，结合环境设计理论知识学习与实践技能训练，掌握以图形推演为主导的环境设计思维能力。

设计工程与技术。立足环境设计系统的整合理念，结合环境设计相关专业工程建设知识学习与图形技术实施的技能训练，掌握运用材料构建塑造空间形态和表达设计概念的能力。

设计经济与管理。从设计管理是设计学内涵有机组成的概念出发，结合环境设计理论知识学习与社会实践运作的实验教学，掌握环境设计定位、概念推导、方案设计与实施不同阶段的设计管理能力。

大学本科生阶段的环境设计核心课程：设计历史与理论（城市·建筑·园林·室内史论）；设计思维与方法（设计思维与表达、环境设计专业基础、专业设计）；设计工程与技术（测绘与制图、材料与构造）。设计经济与管理（城乡环境规划与建设、环境设计项目管理）。

大学研究生阶段的环境设计核心课程：设计历史与理论（环境艺术与环境科学史论）；设计思维与方法（环境社会学、综合设计）；设计工程与技术（环境心理与物理学）。设计经济与管理（环境管理学、环境设计发展战略）。

归零后又站在新起点的开端，憧憬环境设计学年奖的下一个十年……

郑曙旸

2012 年 11 月 13 日于荷清苑

≫ 目录

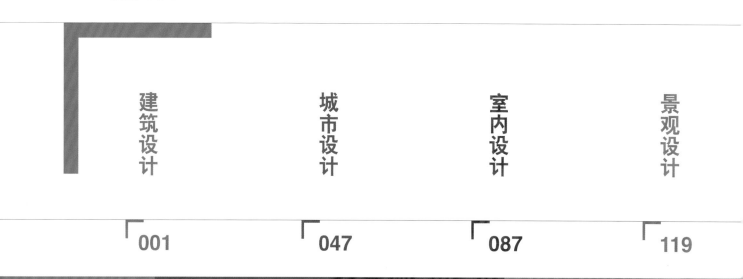

建筑设计

最佳艺术创意奖

光与空间

城市空间景观设计

建筑空间景观设计

公共建筑室内设计

建筑设计

学校：华南理工大学建筑学院　　指导老师：苏平/Ruggero Baldasso　　学生：靳远

高层建筑设计研究——广州润埔国际大厦设计

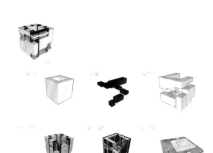

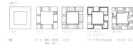

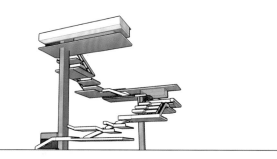

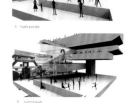

华南理工大学
south china university of technology

高层建筑设计研究——高埔国际大厦设计
high-rise building design

广州 黄埔
huangpu guangzhou

靳远
jin yuan

学年
academic year 2011/2012

指导老师
teaching staff

苏平
suping

ruggero baldasso

emauele faggion

王硕
wang shuo

冷天翔
leng tian xiang

孙文波
sun wen bo

output sports spiral
render

学校：华南理工大学建筑学院　　指导老师：苏平/Ruggero Baldasso　　学生：靳远

1.1 curve land　1.2 folding land　1.3 tower & hill　1.4 grid & boxes　1.5 sport in canyon　1.6 sport platform　1.7 tower form

2.high-rise　2.low-rise　2.1 ramp building　2.2 structure　2.3 folding triangle　2.4 folding circle　2.5 folding box　2.6 big villa　2.7 ramp inside　2.8 shape problem

3.shape　3.2 spread sports　3.3 connection　3.4 sports system　3.5 cores　3.6 sculpture in courtyard　3.7 plan revise　3.8 wall & facade　3.9 summary

4.form attempt　4.1 canyon in courtyard　4.2 layers of curves　4.3 reverse surface　4.4 facade & grid　4.5 summary

5.spiral for sports　5.1 circulation: escalator　5.2 circulation: staircase

6.1 office　6.2 office & sports　6.3 blue gardens　6.4 summary

7.1 landscape　7.2 structure　7.3 detail　7.4 facade　7.5 summary & done

divergent thinking-- architectural develop approach
发散性思考——寻找1路设计问题的设计方法　多方面测试，多方案比较之后寻找最佳的设计方法
基于国际的方案和的设计方法探究

1.site first round proposal and discussion based on site analgy
1.场地：第一轮基于场地的种种相似的参数度切入发散性概念

2.low-rise building research campare to skycraper, a low-rise building will respond the site in a more gentle way.
"世界屋面高层"——场是即使 马表天格相比，一个"场高层"与场地机址比起的样来更柔美和敏

3.shape rectangular with courtyard inside: spread sports
超矩状型　一个内院式的场场高层
attempt to give a cub ~72m*72m*72m(high,length,wide) instead of a 120m tower with a podium
尝试一个边为72米的立方体，而非带有裙的高耸楼们形式

4.form research breakthrough in the box--attempt to curve the cub with curves to create an
exciting courtyard
4.形态探索：在盒子内部的突破——尝试用曲的的曲面场地一个刺激的庭院

4.1 attentive plan irregular corredor inside regular shape
4.2 altrium view of layers 4.3 tub and cores 4.4

5.spiral-- final concept system principal concept sports spiral from bottom to top, transparent
and colorful in facade) 2. box matrix the building is devided into several boxes by sports and
cores the office boxes are simple in facade/opacitics and contrastive to the transparent
sports spiral. 3. seem/ open space. for sound insulation and shake and become open space
naturally to make the sports spiral clear.

5. 螺旋体最终概念　围绕以下某上螺旋的动态的运动的向中心，螺旋立方体构的三部组构　1.运动通透、空间丰富的体螺旋上。2.由多螺旋立方的构成
多方块构为的公楼。在立面上更通的，与螺旋的曲造对比化。3.构筑形的公楼之间的"城"　在术木上由于减震和隔离的声处理，自然
形成了办公楼内的交流空间和明开的平台，同时的体育和场间的的更系体系构的更的结构

华南理工
大学

south china
university
of
technology

高层建筑设计
研究——

英美国际
大厦设计

high-rise
building
design

广州
黄埔

huangpu
guangzhou

靳远
jin
yuan

学年
academic
year
2011/2012

指导老师
teaching
staff

苏平
suping

ruggero
baldasso

emauele
faggion

王朗
wang shuo

冷天翔
leng tian xiang

孙文波
sun wen bo

divergent
thinking
approach
发散式思考
设计方法

pink
for
visable

black
for
failed

学校：华南理工大学建筑学院　　指导老师：苏平/Ruggero Baldasso　　学生：靳远

华南理工
大学

south china
university
of
technology

高层建筑设计
研究——
高端酒店
大厦设计

high-rise
building
design

广州
黄埔

huangpu
guangzhou

靳远
jin
yuan

学年
academic
year
2011/2012

指导老师
teaching
staff

苏平
suping

ruggero
baldasso

emauele
faggion

王硕
wang shuo

冷天翔
leng tian xiong

孙文波
sun wen bo

华南理工
大学

south china
university
of
technology

高层建筑设计
研究——
高端酒店
大厦设计

high-rise
building
design

广州
黄埔

huangpu
guangzhou

靳远
jin
yuan

学年
academic
year
2011/2012

指导老师
teaching
staff

苏平
suping

ruggero
baldasso

emauele
faggion

王硕
wang shuo

冷天翔
leng tian xiong

孙文波
sun wen bo

output
perspective section
剖透视

学校：华南理工大学建筑学院　　指导老师：苏平/Ruggero Baldasso　　学生：靳远

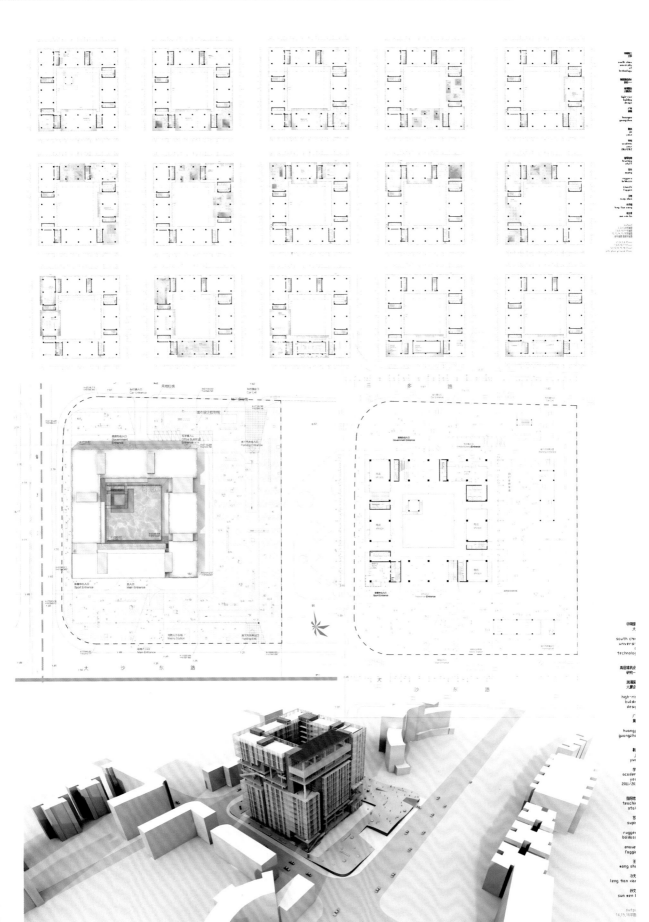

中国环境设计学年奖

学校：江南大学设计学院建筑环艺系　　指导老师：孙政军　何隽　　学生：赵琪云

平遥城图书馆建筑设计

点评：作品选址在平遥古城，古城的意蕴和雄浑气度赋予了作者创作灵感，运用"垣墉"这一独具个性的建筑语言阐释了深刻的"表潜"建筑主题思想，空间序列自然丰富流动，充分利用低碳技术原理，营造出了浓郁、和谐、舒适的读书氛围和地标性城市景观，联想到唐元稹"诸巖分院宇，双岭抱垣墉"的诗意和情怀。

学校：江南大学设计学院建筑环艺系　　指导老师：孙政军　何隽　　学生：赵琪云

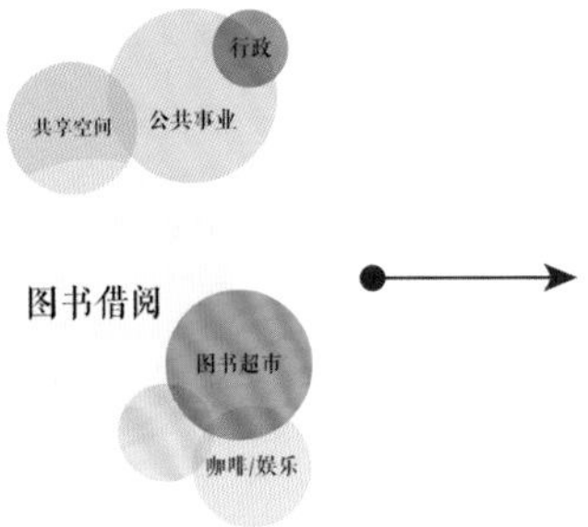

共享空间　公共事业　行政

图书借阅

图书超市

咖啡/娱乐

空间分析

分区与流线假想

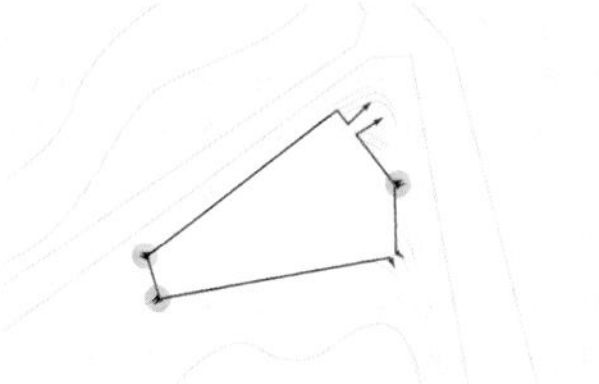

主次出入口以及消防疏散

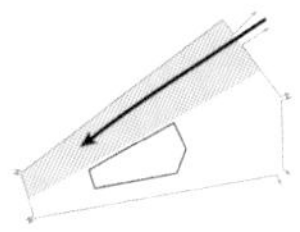

公共空间的流线

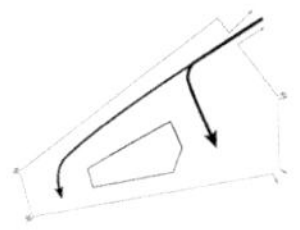

借阅空间的流线

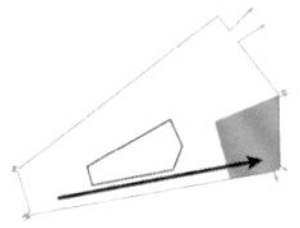

图书超市的流线

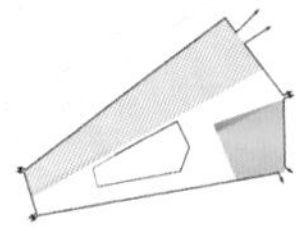

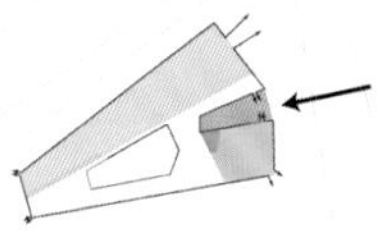

收缩外形以
聚合流线

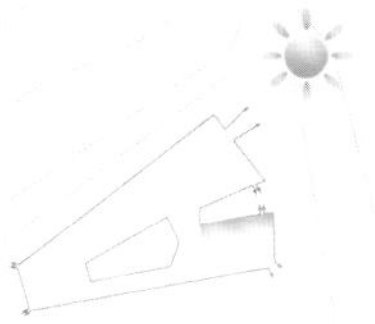

并且增加阅
览大厅的自
然光照

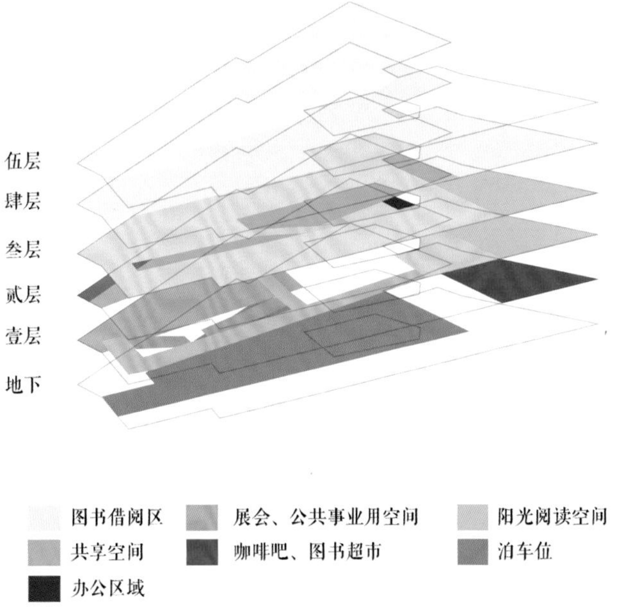

伍层
肆层
叁层
贰层
壹层
地下

图书借阅区　　展会、公共事业用空间　　阳光阅读空间

共享空间　　咖啡吧、图书超市　　泊车位

办公区域

学校：江南大学设计学院建筑环艺系　　指导老师：孙政军　何隽　　学生：赵琪云

"是以朴斫成而丹腰施,垣墉立而雕杇附"

垣：低墙。墉（yōng庸）：高墙。杇（wū乌）：涂抹。
《尚书·梓材》中讲到人材，比之于工匠把木料做成器具，是要兼有实用和美观两个方面。
木材经过砍削制成器具之后，还要涂上红漆，筑成墙垣之后还要加以涂饰。

一道高墙隔开了历史和现代，也隔开了梦幻与现实。高而密闭的空间，长而狭窄的步道。天——从一道
细小的缝隙中羞涩地漏出一撇，渐渐变宽，直到被整个苍穹包裹。这就是这座古城停留在我儿时记忆中
的印象。

平遥古城的古城墙和步道景观

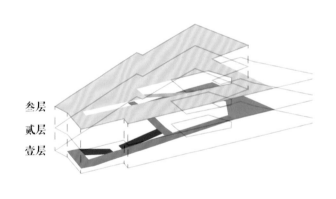

叁层

贰层

壹层

图书借阅区的跃层阳光步道

跃层阳光步道上层效果图

跃层阳光步道下层效果图

学校：江南大学设计学院建筑环艺系　　指导老师：孙政军　何隽　　学生：赵琪云

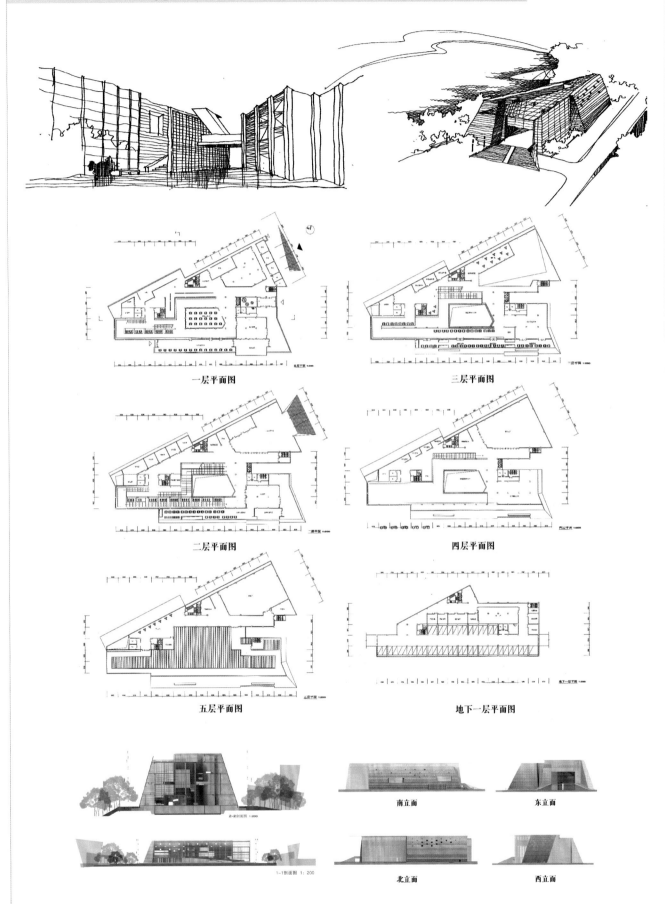

一层平面图

三层平面图

二层平面图

四层平面图

五层平面图

地下一层平面图

南立面

东立面

北立面

西立面

学校：上海大学美术学院建筑系　　指导老师：武云霞　　学生：沈卓珺

4 steps to recivilization / reconnect / reharmonize

STEP 1 量身　**STEP 2** 定制　**STEP 3** 编旧　**STEP 4** 织新

衡山路复兴路历史风貌保护与更新

Montage 1934

Re-X

Recivilization of History & Cutlure

风貌区总体调研
Analysis in Brief

衡山路复兴路历史风貌综述
Brief Introduction of Hengshan-Fuxing Historic Spots

衡山路复兴路历史风貌区上位于原法租界内的中心，是上海花园住宅最集中、覆盖面最广的区域。法国人在上海定居的历史非常短，却把他们的文化和生活习惯带到了上海，把法兰西特有的浪漫洒脱刻画到街巷的角角落落。这一带记录着数度以来某民国时期众多历史人物的居住地，那些花园住宅演绎过近现代中国曾经的风云荟萃之。

衡山路复兴路历史风貌区也是上海12个历史风貌区中历史最久、优秀历史建筑数量最多、历史建筑和空间类型最丰富、风貌特色最鲜明的区域。

风貌区中的衡山路未来有沉厚的酒吧文化，是闹名中的酒吧一条街，衡山路上的咖啡店各、酒吧、茶饮、美容沙龙、书店和画廊等乐乐场所有100多家；咖啡店店为"素列"、"好适"、酒吧有"M-BOX"、"梵氏思"等，但是随着新风潮，衡山路酒吧的热闹不知后年。

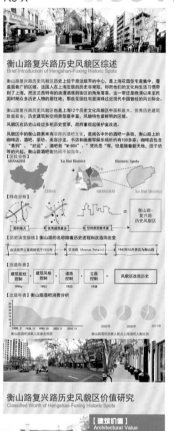

衡山路复兴路历史风貌区价值研究
Classified Worth of Hengshan-Fuxing Historic Spots

【建筑价值】 Architectural Value

WORTH OF ARCHITECTURE

衡山-复兴路历史风貌区原为法租界内的高级住宅，其居住建筑尤以花园住宅见长、房屋平面趋向于独立式或横向并联，故有些也些朝花园里弄。

环境十分幽静，宅前通常有较大的庭院，房间功能齐全，最初仅限外侨居住。这区的花园住宅分布最集中、覆盖面最广、风格各异，而且质量较好，形成了造型优美、绿化环境幽雅的居住氛围，成为城市赏面最美大厦群中的"综谷"。

除了花园住宅外，该风貌区内的上海近代公寓建筑也数量最多且分布相对集中，此外还有成片的新式里弄和旧式里弄。

The historic spot is famous for its advanced residentials built with a long history.

The residentials in the area not only contain wide functions and accommodations, but also are surrounded with elegant environment.

Besides, the historic spot is also known for the large number of worthy villas.

【文化价值】 Cultural Value

从文化价值的角度看，建筑与地域性情紧、生活方式和传统习俗等一脉相承，老那文化比传灵感，那么硬式了其他以生存的载体。

衡山路复兴路历史风貌区现状调研
Analysis the Current Status of Hengshan-Fuxing Historic Spot

Study in 4 respects ——Architecture & Residents & Traffic & Environment

建筑 ARCHITECTURE	人群 PEOPLE COMPOSITION	交通 TRAFFIC ANALYSIS	景观 LANDSCAPE

风貌区现状问题总结 **summery of current problems**

如何使 衡山路-复兴路风貌区 继续发挥**自身优势** 在城市更新中 寻找新的**落脚点**？ RE-X

各建筑间联系性弱　　缺乏宜人的驻足停留空间　　交通节点艺术性弱　　景观与建筑联系性弱

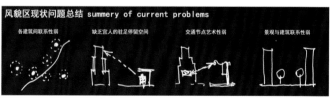

点评：本作品从小处着眼，大处着手，通过"量身-定制-编旧-织新"4个步骤为历史风貌区打造"新霓裳"，首先对历史风貌区的"建筑、人群、交通、景观"四方面进行"量身"考察；其次，选择改造具体地块并"定制"打造为风貌区中"城市驿站"，通过对基地周边原有因素的串联，实现轴网"编织"；最后用新欧式建筑手法实现从"编旧"到"织新"的完善。与上海衡山路周围的浓郁法兰西风情融为一体，带给人们新旧交替、虚实相生的蒙太奇效果。

学校：上海大学美术学院建筑系　　指导老师：武云霞　　学生：沈卓珺

4 steps to recivilization / reconnect / reharmonize

STEP 1 量身　STEP 2 定制　STEP 3 编旧　STEP 4 织新

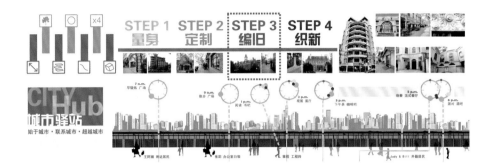

CITY Hub
城市驿站
始于城市·联系城市·超越城市

Montage
Montage 1934

Re-X

Recivilization of History & Cutlure

轴线关系分析
Analysis of Axis of the Site

分析——从基地周边的建筑入手，将美童小学与锈锡广场的连线作为入口的视线所对位置，因此，以连线为参考向其作法连线来得主轴线位置与偏移角度，而建筑的次轴线的确立则是以可以与国际礼拜堂视线互动产生。

性质定位分析
Analysis of Character of the Site

文化主题

铁艺工艺　工作坊　灯具　特色商铺

商业动线

咖吧餐饮　奢侈品精品店　手工作坊　展厅展廊

分析——基地所在的衡山路属于上海市中心地段，可谓寸土寸金，因此，综合考虑在保留和发挥具传统优势的同时培添商业动线，加入咖吧餐饮、奢侈品店、手工作坊和展览空间等，从而从文化和商业两个方面共同增加地块的多样性，从而激活地块。

空间序列分析
Analysis of Spacial Sequence of the Site

原有基地　切斜基地　基地分区　生成序列

序列一——序章——唤醒
进入地块后的第一个空间序列，因此也命名为序章，为的是通过亲切的尺度感让人们对地块内建筑充满兴趣。

序列二——第一章——回顾
通过ART DECO 展馆，餐饮咖吧等新式建筑后，从建筑中渐渐回到过去，回到法租界，因此第二章旨在起到起承转合的过度作用。

序列三——第二章——体验
有别于第一、第二两个空间序列的是，在此处，即方案的第三板块以大空间展示功能为主，在进入前人们已经感受过古老的法兰西风情，进入此处后则是对原有体验的升华。

垂直空间分析
Analysis of Vertical Space of the Site

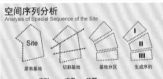
Cafe　workshop　下沉式广场　精品店　restaurant　workshop
庭院　workshop

总结——从轴线入手，同时确定建筑群落基调，注重重塑衡山地段的空间序列，并在水平与垂直两方面打造完型空间序列，旨在以新欧式，营造浓郁的法式风情，重新激活地块。

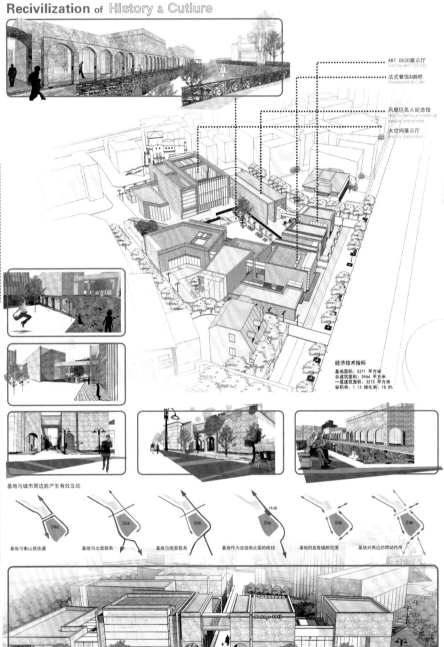

ART DECO展示厅
Hall for ART DECO

法式餐馆&咖吧
Restaurant & Cafe

风貌区名人纪念馆
Hall for famous historical people and events

大空间展示厅
Hall for Exhibition

基地与城市周边能产生有效互动

经济技术指标
基地面积：5271 平方米
总建筑面积：5964 平方米
一层建筑面积：3215 平方米
容积率：1.13 绿化率：18.8%

基地与衡山路连通　基地与北面联系　基地与南面联系　基地作为连接南北面的枢纽　基地的直接辐射范围　基地对周边的带动作用

中国环境设计学年奖

学校：上海大学美术学院建筑系　　指导老师：武云霞　　学生：沈卓珺

4 steps to recivilization / reconnect / reharmonize

STEP 1 量身　STEP 2 定制　STEP 3 编旧　STEP 4 织新

A 公共空间
本案中建筑群围合而成的中央广场为本案中的公共空间，集购物、展览、休闲等多功能于一体，提供给周边居民和过路人有别于碰臂城市的驿站体验。

B 半公共空间
本案中的下沉院落为半公共空间，同时，位于南侧酒吧处也设立了水景等灰空间。此外，本案的特色之一——骑楼拱圈下的空间也为人们提供了不同于中央广场的感受。

C 半私密空间
本案为繁忙的都市人群提供了放松身心的驿站式体验，如入口处的咖啡吧，向内围合的院落旨在为寻求私密交谈空间的人们提供适宜的空间。

D 半私密空间
本案为普造优雅法式情调，为人们提供了许多诸如书吧、展廊等安静且私密性强的空间。同时，位于屋面上的屋顶平台是专为冥想和独处的人群所设计。

Montage
Montage1934
Re-X

Recivilization of History & Cutlure

总平面图 1：1000

单体生成及功能分析
Analysis on Single Compoment for its Compostion and Function

一层平面图 1：300

负一层平面图 1：400

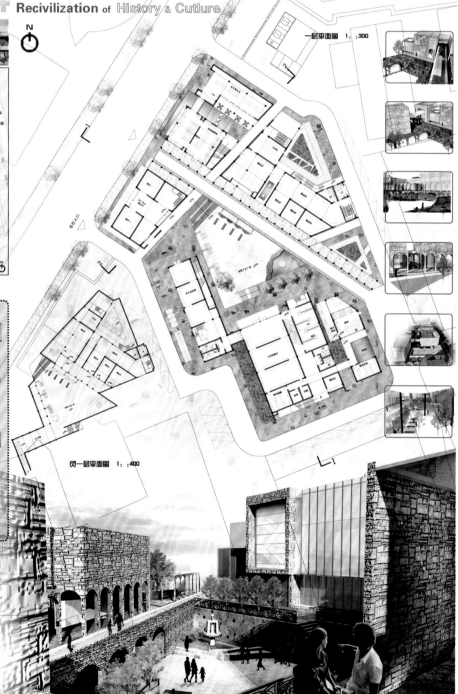

学校：安徽建筑工业学院建筑与规划学院建筑系　指导老师：魏明　学生：何永乐

点评：本项目为实际工程项目。何永乐同学在多次实地考察的基础上逐渐形成了自己独特的思路。从"艺"和"院"两方面着手进行构思分析，结合现有地形地貌，将建筑群分为专业教学楼、报告厅、美术学院、音乐学院、图书馆五个部分，以中央景观带分开，同时又利用半地下空间将东西两部分功能进行联系，将整个建筑群有机组合。五个部分建筑院落空间丰富，室外活动和公共联系空间结合了每个建筑的功能和流线。在建筑造型上努力从徽派建筑中提取精华，结合环境（气候、朝向等）加以提炼整合，形成了自己独特的建筑风格。在满足现行建筑规范方面如消防、疏散距离、楼梯宽度数量以及走道宽度等也进行了认真的分析和研究，提高了实际方案能力。该方案总体把控能力较强，在对既有建筑、实际环境、功能和造型的研究方面做出了很多努力，是一个具有自己特色的设计作品。

学校：安徽建筑工业学院建筑与规划学院建筑系　　指导老师：魏明　　学生：何永乐

报告厅室外平台视野
Vision from the Platform outside the Hall

藝·院 ART & COURTYARD SPACE
安徽艺术职业学院新校区二期工程教学建筑设计　贰
TEACHING BUILDING DESIGN OF NEW CAMPUS OF ANHUI VOCATIONAL COLLEGE OF ART

总平面设计
Design of Master Plane　1:1250

总平面布局理念
Concept of Layout of Master Plane

传统民居院落平面形式

传统书院形制

建筑体块造型及功能分区

总平面分析
Analysis of Master Plane

教学区功能分区　　教学区交通分析　　景观节点分布

学校：安徽建筑工业学院建筑与规划学院建筑系　　指导老师：魏明　　学生：何永乐

藝·院 ART & COURTYARD SPACE

安徽艺术职业学院新校区二期工程教学建筑设计 | 叁

TEACHING BUILDING DESIGN OF NEW CAMPUS OF ANHUI VOCATIONAL COLLEGE OF ART

N

→ 报告厅设计
Design of Multi-media Lecture Hall

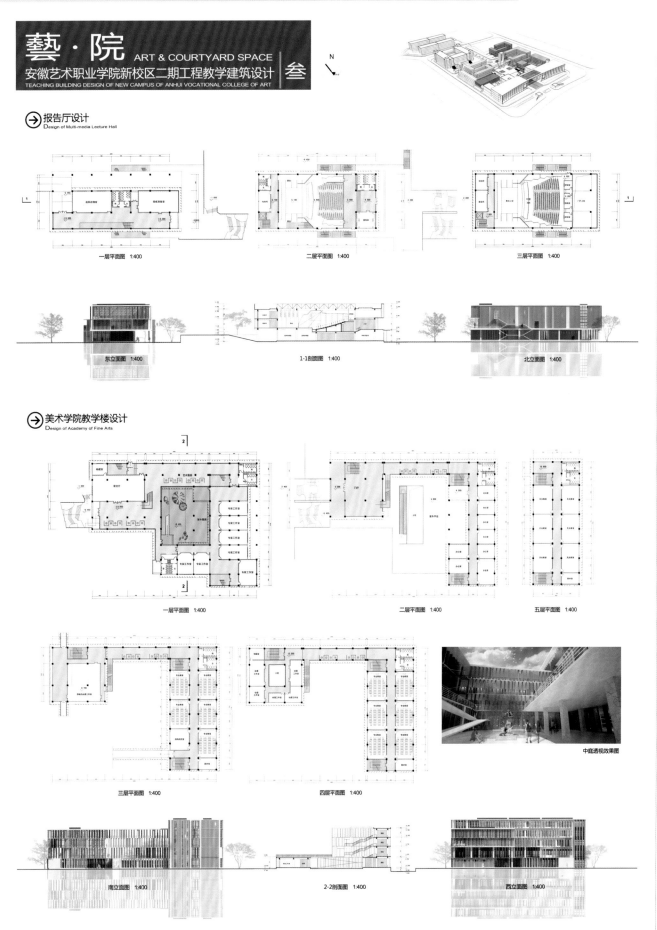

一层平面图 1:400　　　　二层平面图 1:400　　　　三层平面图 1:400

东立面图 1:400　　　　1-1剖面图 1:400　　　　北立面图 1:400

→ 美术学院教学楼设计
Design of Academy of Fine Arts

一层平面图 1:400　　　　二层平面图 1:400　　　　五层平面图 1:400

三层平面图 1:400　　　　四层平面图 1:400

中庭透视效果图

南立面图 1:400　　　　2-2剖面图 1:400　　　　西立面图 1:400

中国环境设计学年奖

学校：南京艺术学院景观设计系　　指导老师：卫东风　徐炯　　学生：王建芹

乡土·建造——乡村餐馆
低技术建造及材料研究

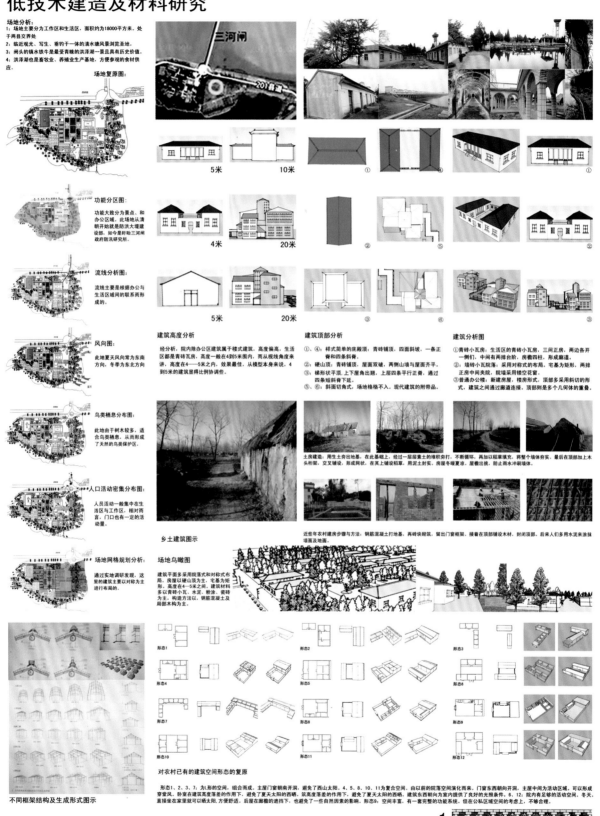

场地分析：

1：场地主要分为工作区和生活区，面积约为18000平方米。处于两县交界处。
2：临近观光、写生、垂钓于一体的清水塘风景浏览圣地。
3：闸头的镇水铁牛是最受青睐的洪泽湖一景且具有历史价值。
4：洪泽湖也是畜牧业、养殖业生产基地，为便参观的食材供应。

场地复原图：

功能分区图：

功能大致分为景点、和办公区域，此场地从清朝开始就是防洪大堤建设前，如今是盱眙三河闸政府防汛研究所。

流线分析图：

流线主要是根据办公与生活区域间的联系而形成的。

风向图：

此地夏天夏风常为东南方向，冬季为东北方向。

鸟类栖息分布图：

此地由于树木较多，适合鸟类栖息，从而形成了天然的鸟类保护区。

人口活动密集分布图：

人员活动一般集中在生活区与工作区，相对而言，门口也有一定的活动量。

场地网格规划分析：

通过实地调研发现，这里的建筑主要以对称为主进行布局的。

不同框架结构及生成形式图示

建筑高度分析

经分析，院内除办公区建筑属于楼式建筑，高度偏高，生活区都是青砖瓦房，高度一般在4到5米国内，而从视线角度来讲，高度在4——5米之间，效果最佳，从模型本身来说，4到5米的建筑显得比例协调适中。

建筑顶部分析

①、样式简单的庑殿顶：青砖铺顶，四面斜坡，一条正脊四条斜脊。
②、硬山顶：青砖铺顶，屋面双破，两侧山墙与屋面齐平。
③、梯形平顶，上下屋角出脚，上四条平行正脊，通过四条短斜下延。
④、斜面切角式，场地格局不入，现代建筑的附带品。

建筑分析图

①青砖小瓦房：生活区的青砖小瓦房，三间正房，两边各开一侧门，中间有两排台阶，房檐四柱，形成廊道。
②墙体小瓦落：采用对称式的布局。宅基为矩形，两排正房采用镂空空窗。
③普通办公楼：新建房屋，楼房形式，顶部多采用斜切的形式，建筑之间通过廊道连接，顶部则是多个几何体的重叠。

乡土建筑图示

土建造：用生土夯出地基，在此基础上，经过一层层素土的堆积夯打，不断循环，再加以稻草填充，将整个墙体夯实。最后在顶部加上木头桁架，交叉铺设，形成网状。在其上铺设稻草，用泥土封实，房屋冬暖夏凉，屋檐出挑，防止雨水冲刷墙体。

近些年农村建房步骤与方法：钢筋混凝土打地基，再铺块砖砌顶，留出门窗框架，接着在顶部铺设木材，封闭顶部，后来人们多用水泥来涂抹墙面及地面。

场地鸟瞰图

建筑平面多采用院落式和对称式布局，房屋以硬山顶为主。宅基为矩形，高度在4—5米间，建筑材料多以青砖小瓦、水泥、粉漆、瓷砖，构造方法以，钢筋混凝土及局部木构为主。

形态1　形态2　形态3
形态4　形态5　形态6
形态7　形态8　形态9
形态10　形态11　形态12

对农村已有的建筑空间形态的复原

形态1、2、3、7：为L形的空间，组合而成。主屋门窗朝南开洞，避免了西山太阳，4、5、8、10、11为复合空间。由以前的院落空间演化而来。门窗东西朝向开洞，主屋中间为活动区域。可以形成穿堂风，卧室在建筑高度落差的作用下，避免了夏天太阳的西晒，筑高度落差的作用下，避免了夏天太阳的西晒。建筑东西朝向为室内提供了良好的光照条件，主屋中间为活动空间，冬天，直接坐在家里就可以晒太阳，方便舒适，后屋在廊檐的进挡下，也避免了一些自然因素的影响。形态9：空间丰富，有一套完整的功能配置，但在公私区域空间的考虑上，不够合理。

学校：南京艺术学院景观设计系　　指导老师：卫东风　徐炯　　学生：王建芹

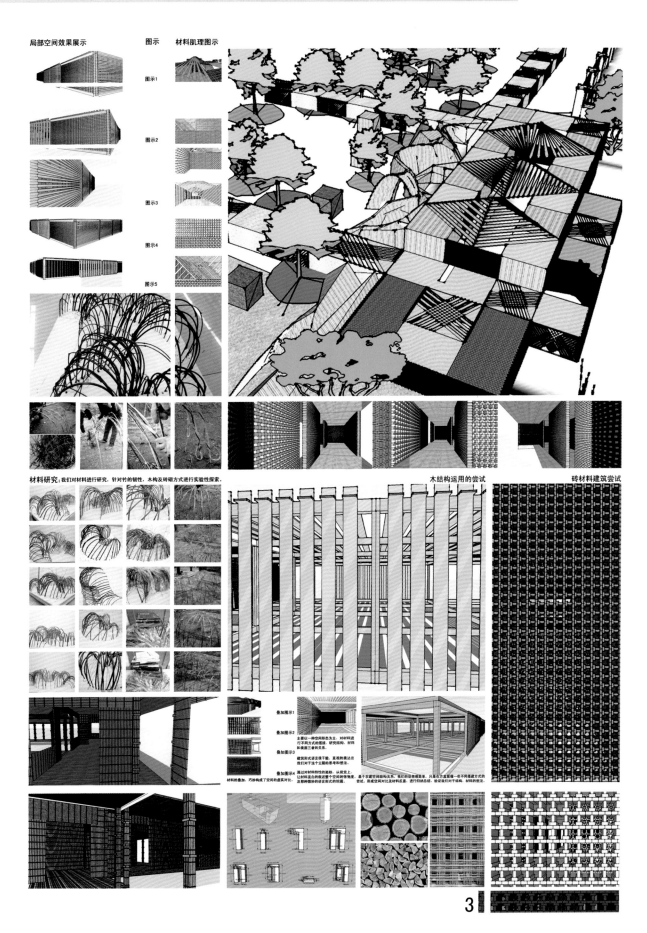

局部空间效果展示　　图示　　材料肌理图示

图示1

图示2

图示3

图示4

图示5

材料研究：我们对材料进行研究，针对竹的韧性、木构及砖砌方式进行实验性探索。

木结构运用的尝试　　　　　　砖材料建筑尝试

叠加图示1

叠加图示2

叠加图示3

叠加图示4

中国环境设计学年奖

学校：南京艺术学院景观设计系　　指导老师：卫东风　徐炯　　学生：王建芹

模型模拟应用图示

为了避免农建建设的盲目性与从众性，我们对农建空间组合规律进行模拟推演，对乡土建筑的布局形式进行归纳总结，将建筑分成4部分。分别为前屋、主屋、院内及连廊，模拟出一套合理的组合阵列，单体与单体之间可以无机的进行组合，形成具有地域性特色的空间形态，以这种模式为样本，进行推演，空间之间的变化显得很微妙。

类型二效果图展示　　　　　　　　　类型一连廊模拟应用

设计说明：
　　我们的选题定位为乡村餐馆。乡村，顾名思义，就是要有一种乡土气息在内。我们通过就地取材，将砖、木、竹这三种农村常见的建筑材料加以运用。建筑处于一片园林中，环境优美，木与竹都使其增添出一种自然的气息。在隔断的处理上，我们是采用略为现代的做法，在阳光下强调出一种强烈的光感效应，让建筑能够自由自在的呼吸。整个餐馆的空间形态也是依据所研究的乡村房屋空间形态展开。

类型二局部效果展示

5

学校：中国美术学院　　指导老师：孙科峰　　学生：唐德成

昌硕文化中心
WUCHANGSHUO CULTURAL CENTER, ANJI

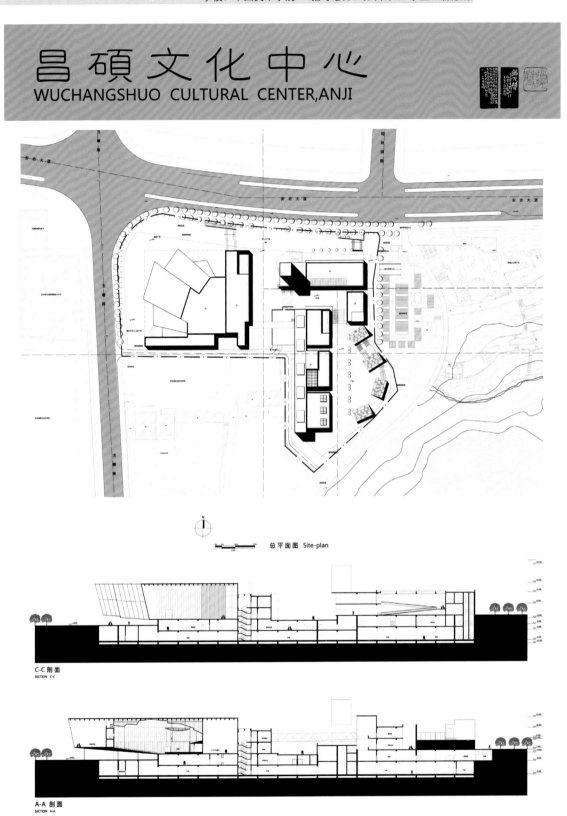

总平面图 Site-plan

C-C 剖面
SECTION C-C

A-A 剖面
SECTION A-A

点评：该课题场地位于安吉县城连接高速入城口，南倚凤凰山，处于城市环境与自然环境的融汇点。设计内容为综合性公共建筑群落，包括吴昌硕纪念馆、昌硕书画院、音乐厅、图书馆等。

设计难点在于如何对应"昌硕文化"、"地方文化"；如何处理好建筑群落与城市要素、自然要素的对话；如何在自然山体环境下收纳大体量公共建筑；如何在有限的场地内妥善解决复杂的功能分区及交通组织。

该同学的设计较好地解决了上述难点，体现了扎实的设计问题解决能力，同时也不失创意。但是由于后期时间仓促，一些造型细节以及人文内涵尚待推敲。

2

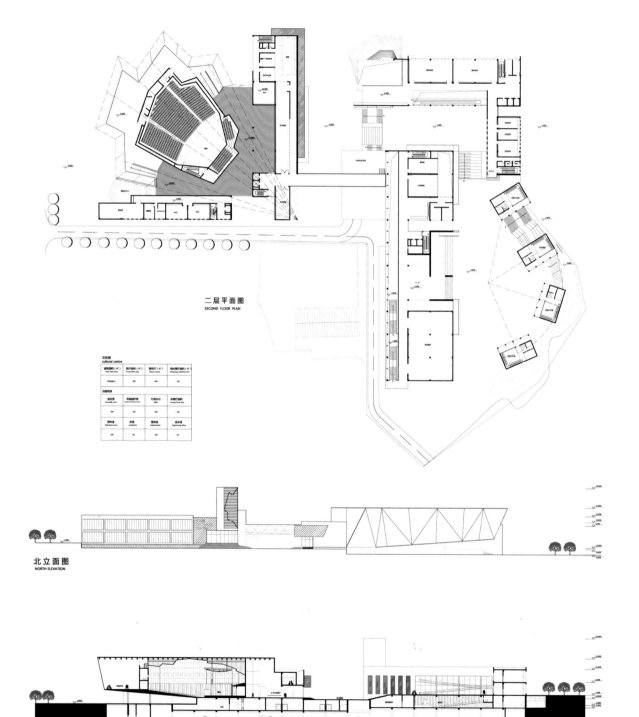

二层平面图
SECOND FLOOR PLAN

北立面图
NORTH ELEVATION

B-B 剖面
SECTION B-B

5

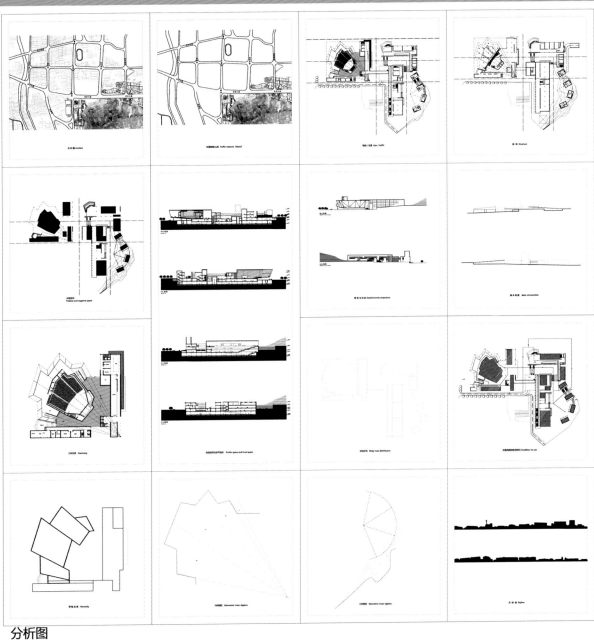

分析图

D-D 剖面
SECTION D-D

学校：华南理工大学建筑学院　　指导老师：冯江　徐好好　　学生：张异响

虎门炮台遗址陈列馆设计

google地图 大虎山、小虎山

【清 关天培《筹海初集》"大虎炮台"】

大虎山现场照片

炮台群的修建与空间分布

场地总平 1:2500

"..........复移舟至南山横档大虎一带，查南山镇远两处炮台建在武山脚下，南北相联，中离一百三十三丈，南山炮台系康熙五十六年建，形势稍小，仅安炮十二位，应改建宽大如横档月台之式。该处台面斜对下横档山，中隔水面三百余丈，下横档之东北隔水一百二十余丈有礁石一处，俗名饭箩排。再北隔水九十二丈即是上横档月台。横档炮台斜对镇远炮台，中隔海面量宽二百七十二丈，潮水至此，为之一束，以致中泓刷深至十二丈 两旁浅处均在三丈以外，潮汐长落，湍甚湍急......"

——《查勘虎门扼要筹议增改章程咨禀》（《筹海初集，卷一》）

点评：设计作品最为精彩的部分在于对虎门炮台地形的阅读，在选址上大胆地与重要的历史遗存共处，小心发掘了场地中的历史线索，并将其融入新建筑的流线和场景设计，有动人之处。但设计有些过于复杂，对实际技术操作的考虑稍欠。

学校：上海大学美术学院建筑系　指导老师：张小岗　学生：蔡如玉

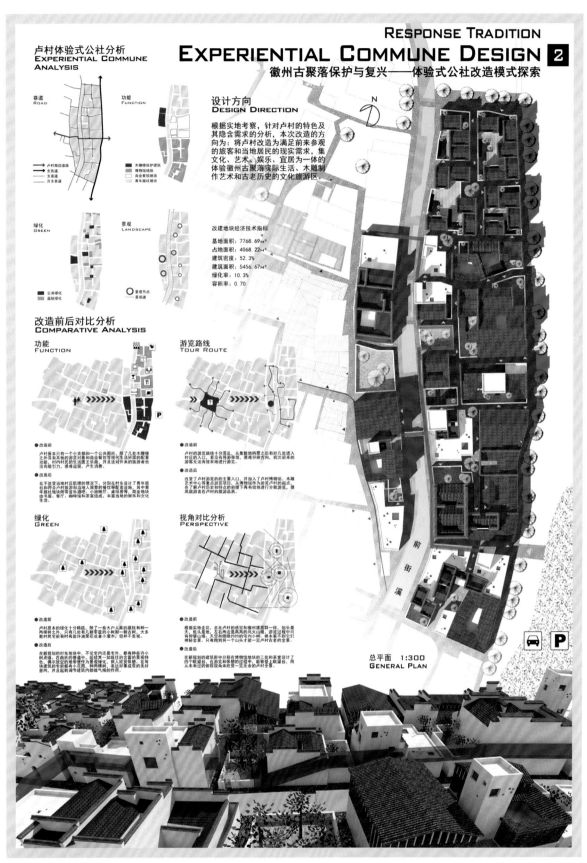

RESPONSE TRADITION
EXPERIENTIAL COMMUNE DESIGN 2
徽州古聚落保护与复兴——体验式公社改造模式探索

点评：提出的"体验式公社"改造模式这一概念别出心裁，针对卢村这类典型徽州古村落进行以保护为前提的复兴改造并以此促进古村落保护，该设计延续当地环境和肌理，探索了从建筑风貌到人文环境的渗入改造，十分巧妙地使古村落既留存了历史的古味，又注入了全新的生命力。该设计在规划上新旧分明，很恰当地保护了古老聚落的环境和建筑，新旧建筑形式上的处理手法也很巧妙和人性化。作为古聚落的保护与复兴，是个很好的设计创意。

中国环境设计学年奖

学校：同济大学建筑与城市规划学院建筑系　　指导老师：钱峰　袁烽　　学生：罗国夫　曹含笑　赵诗佳

复合生态建筑设计

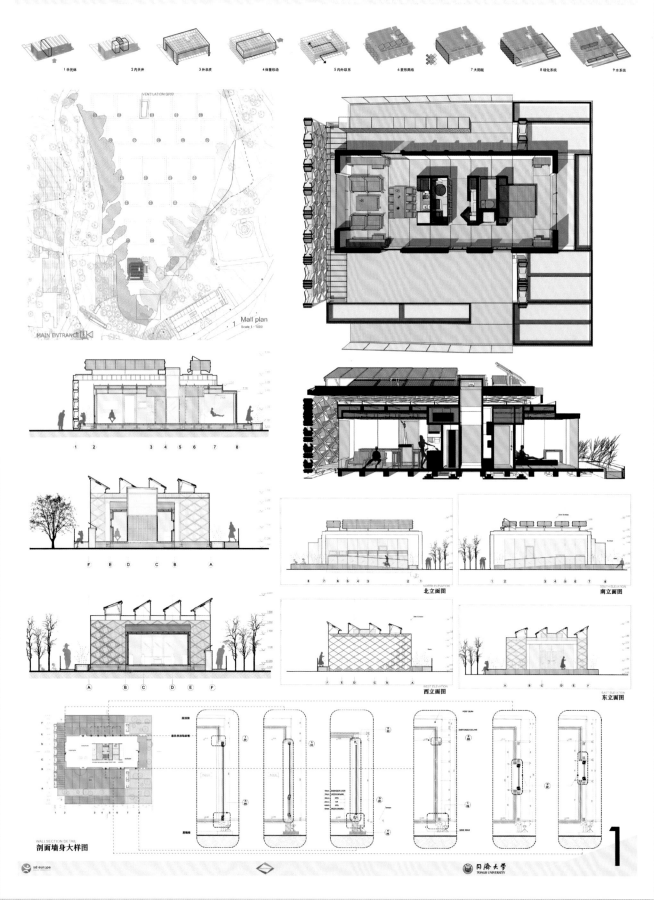

学校：澳门科技大学人文艺术学院艺术设计系　指导老师：林红　杨一丁　全希希　袁柳军　学生：李雯倩　黄璋玮　丁鼎

CHUÀNG
廚
SHIPYARD RECONSTRUCTION
IN LIZHIWAN VILLAGE
COLOANE MACAU

室外活動空間設計概念
OUTDOOR ACTIVITY SPACE DESIGN CONCEPT

室外活動空間設計概念
室外活動空間設計介紹
室外活動空間效果圖

科技輔助設計

光影廣場
Lighting Square

Design Description
設計說明

地面層空間包括：約770平方米的休閒廣場；約2330平方米的水上花園，約2355平方米的沿海木棧道。並可沿斜坡下至碼頭；一樓設有綜合活動中心之老年人室內休閒區，兒童魔方儲物嬉戲區，以及約1128平方米的時光展廊，三者直接連接室外活動空間。

沿海
Coastal

Technology Computer Aided Design
科技輔助設計

優勢的自然能源利用

潮汐能

在沿海碼頭與水上花園之間的水域安置潮汐能發電設備（渦輪機，發電機），爲整個更生後的園區提供清潔能源，並將多餘能源輸送給路環的用戶；

工作原理示意圖：

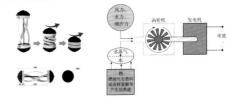

太陽能

a 建築外表天面安裝太陽能板以提供電力予室內照明

b 同時利用此優勢，作爲連接船艙與彩色片的關鍵要素（當旋轉船艙時可運用太陽能發電帶動彩片的翻轉），借此靈活地打造可體驗式的互動傳播新方式。

c 室內活動空間都提供局部通風的可能性以降低能源支出，同時設計不同形式的室內照明方式（例如：設計大面積的采光玻璃等）將優勢利用最大化，形成巧妙的室內室外能源互通方式。

工作原理示意圖：

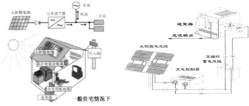

低碳節能策略

綠色環保設計策略

a 結合船架造型設計，設計以"可再生帆布"懸挂形式遮陽擋低太陽角度眩光，創造出舒適的休息活動空間。

b 采用節水型衛生器具，低VOC材料。

回收再利用策略

a 利用原有"海域"環境，回收及過濾雨水及海水，用於建築室內衛生間及室外周邊區域的綠化灌溉。

b 利用地區材料：回收船廠廢弃木材賦予建築外表新的生命力

学校：哈尔滨工业大学建筑学院建筑系　　指导老师：罗鹏　　学生：王若凡

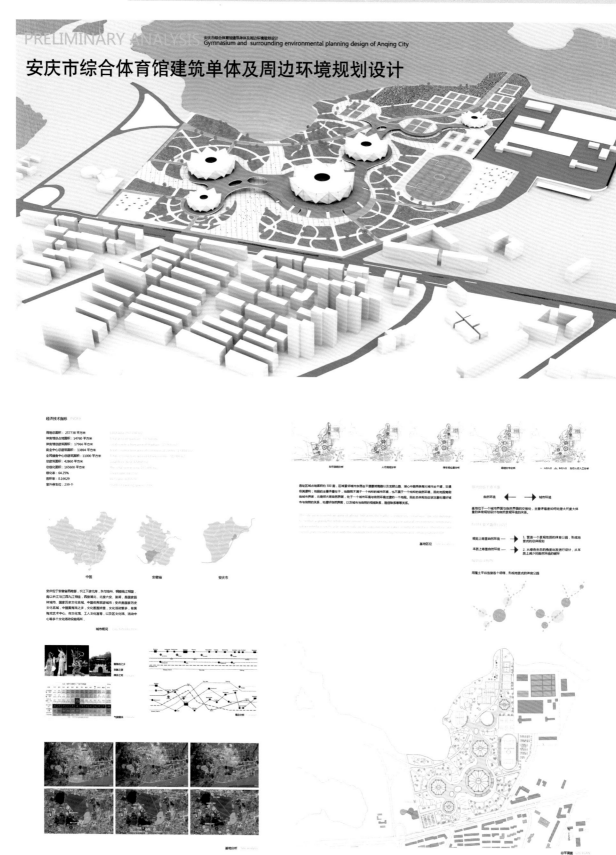

PRELIMINARY ANALYSIS

安庆市综合体育馆建筑单体及周边环境规划设计
Gymnasium and surrounding environmental planning design of Anqing City

点评：该方案从宏观城市环境入手，将城市设计、建筑设计、景观设计融为一体。总体设计概念新颖，规划布局合理，建筑与环境有机融合。单体建筑设计基于地域独特的历史、文化环境和基地自身特点，突出大空间公共建筑的类型特色，合理进行大跨度空间结构选型，实现了环境、文脉、功能、技术、建筑造型等多方面的高度统一。方案功能先进、形体优美、技术设计在合理的基础上有所创新，达到方案创意和技术可实施性的很好结合。

学校：清华大学美术学院　　指导老师：梁雯　崔笑声　　学生：谢俊青

居住的表情——青年人居住方式研究

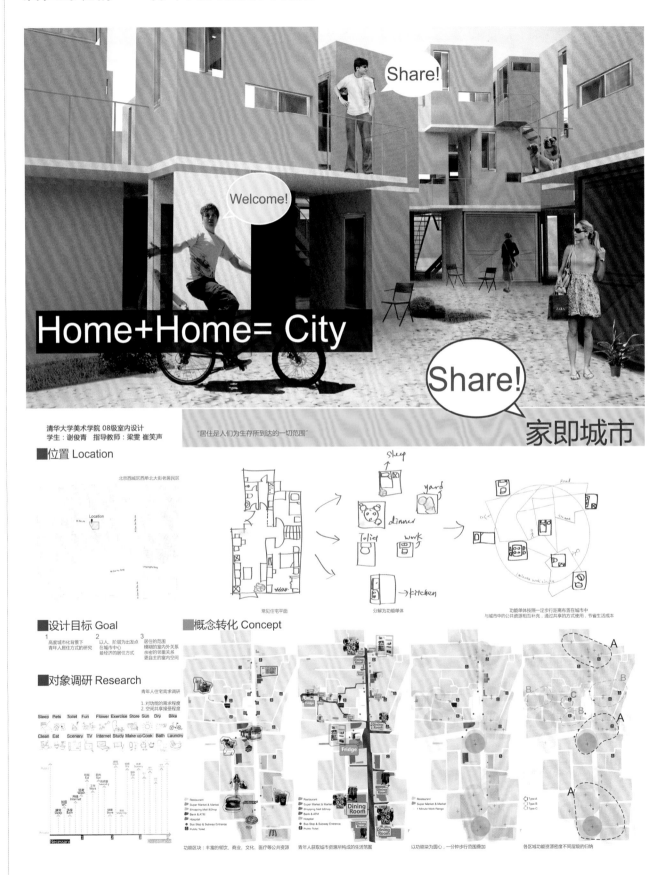

清华大学美术学院 08级室内设计
学生：谢俊青　指导教师：梁雯 崔笑声

"居住是人们为生存所到达的一切范围"

家即城市

■位置 Location

北京西城区西单北大街某居民区

■设计目标 Goal

1 高度城市化背景下
青年人居住方式的研究

2 以人、阶层为出发点
在城市中心
最经济的居住方式

3 居住的范围
模糊的室内外关系
依密的邻里关系
更自主的室内空间

■概念转化 Concept

■对象调研 Research

青年人住宅需求调研

1. 对功能的需求程度
2. 空间共享接受程度

学校：清华大学美术学院　　指导老师：梁雯　崔笑声　　学生：谢俊青

■添加功能单体 Add Function Space

■单体使用意向图

■功能的层级性归纳

1	2	3
睡觉 Sleep	洗漱 如厕 洗澡 做饭 Wash WC Bath Cook 吃饭 工作 洗衣服 Eat Work Laundry	晾晒 娱乐 风景 锻炼 停车 植物 宠物 Dry Fun Scenery Exercise Parking Plants Pets
"Personal"	"Family"	"Mini City"

■总平面图 Plan

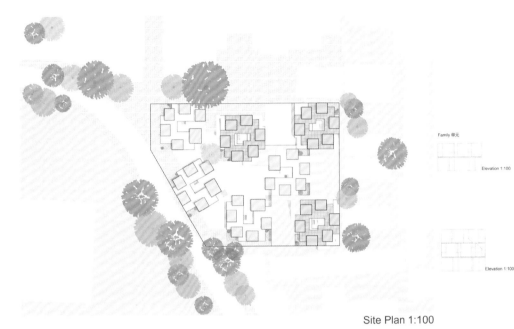

Family 单元

个人空间

Elevation 1:100

Single Bedroom*4
Double Bedroom*1
共享空间「只容纳1人」
Wash Room*1
Shower Room*1
Toilet*1
Work Room*1
共享空间「同时容纳多人」
Dining Room*1
Kitchen*1

个人空间

Elevation 1:100

Single Bedroom*4
Double Bedroom*1
共享空间「只容纳1人」
Wash Room*1
Shower Room*1
Toilet*1
Work Room*1
共享空间「同时容纳多人」
Dining Room*1
Kitchen*1

Site Plan 1:100

■室内功能单体 Interior

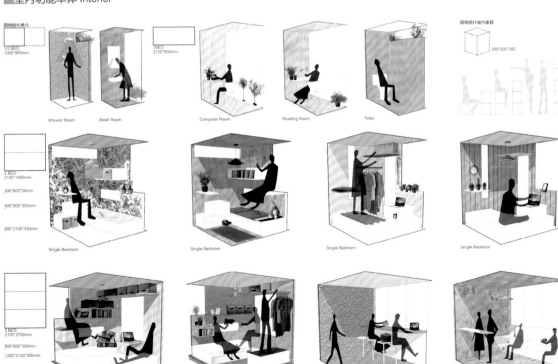

■模数化单元
1/2 BED
1050*900mm
1BED
2100*900mm

■模数化室内家具
300*300*350

Shower Room　Wash Room　Computer Room　Reading Room　Toilet

2 BED
2100*1800mm
300*600*30mm
600*600*350mm
900*2100*350mm

Single Bedroom　Single Bedroom　Single Bedroom　Single Bedroom

3 BED
2100*2700mm
600*600*350mm
1200*2100*350mm

Double Bedroom　Double Bedroom　Dining Room　Dining Room

学校：清华大学美术学院　　指导老师：梁雯　崔笑声　　学生：谢俊青

■各层平面图 Plan

首层动线分析图

场地边界分析图

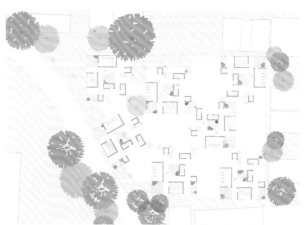

First Floor Plan 1:100

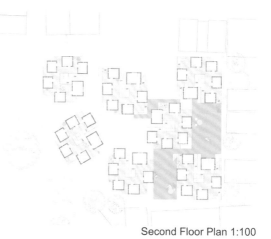

Second Floor Plan 1:100

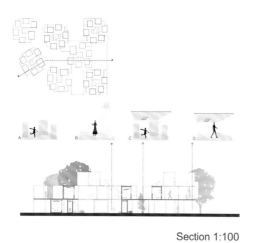

Section 1:100

Third Floor Plan 1:100

学校：宁波大学艺术学院　　指导老师：包伊玲　　学生：张夏璐

Newborn·World ore——Ore Museum design

矿世·新生 ——矿石博物馆建筑设计

宁波大学 艺术学院　学生：张夏璐　导师：包伊玲

■ 建筑场所：南非金伯利市某废弃矿区
■ 建筑面积：占地面积28万平方米，建筑面积7万平方米
■ 建筑理念：矿世·新生
■ 建筑特点：建筑外观上，建筑与矿山完美结合，突出" 新生"概念，建筑富有张力，仿佛是从矿山 中生出来的，整体除了具有概念性，同时还 有工业性。

中国环境设计学年奖

学校：宁波大学艺术学院　　指导老师：包伊玲　　学生：张夏璐

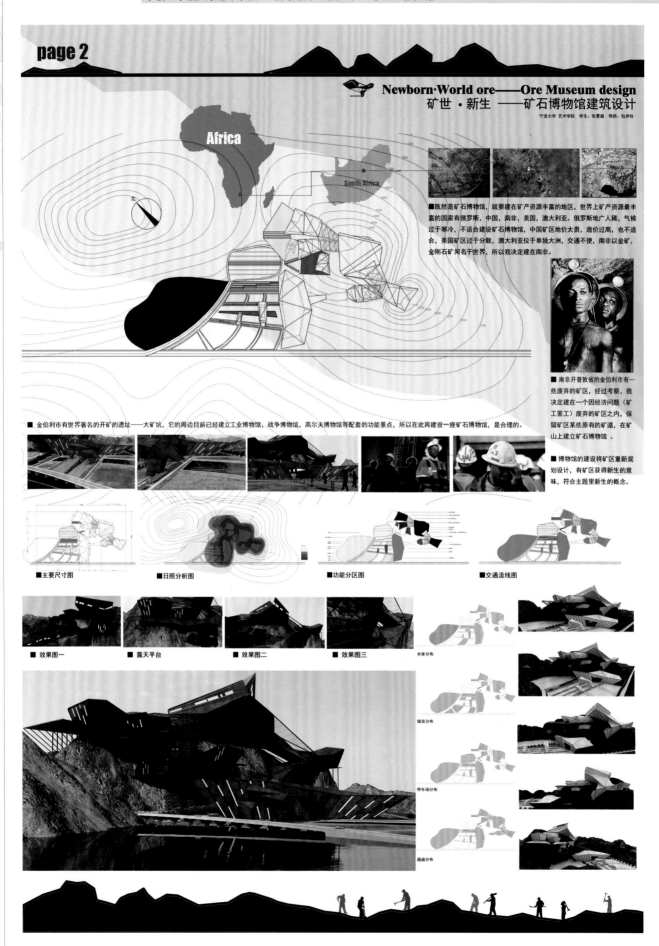

page 2

Newborn·World ore——Ore Museum design
矿世·新生——矿石博物馆建筑设计
宁波大学 艺术学院 学生：张夏璐 导师：包伊玲

Africa

South Africa

北

■既然是矿石博物馆，就要建在矿产资源丰富的地区，世界上矿产资源最丰富的国家有俄罗斯、中国、南非、美国、澳大利亚。俄罗斯地广人稀，气候过于寒冷，不适合建设矿石博物馆，中国矿区地价太贵，造价过高，也不适合，美国矿区过于分散，澳大利亚位于单独大洲，交通不便，南非以金矿，金刚石矿闻名于世界，所以我决定建在南非。

■ 南非开普敦省的金伯利市有一些废弃的矿区，经过考察，我决定建在一个因经济问题（矿工罢工）废弃的矿区之内，保留矿区某些原有的矿道，在矿山上建立矿石博物馆。

■ 博物馆的建设将矿区重新规划设计，有矿区获得新生的意味，符合主题里新生的概念。

■ 金伯利市有世界著名的开矿的遗址——大矿坑，它的周边目前已经建立工业博物馆，战争博物馆，高尔夫博物馆等配套的功能景点，所以在此再建设一座矿石博物馆，是合理的。

■主要尺寸图　　　　■日照分析图　　　　■功能分区图　　　　■交通流线图

■ 效果图一　　　■ 露天平台　　　■ 效果图二　　　■ 效果图三

水体分布

铺装分布

停车场分布

通道分布

学校：宁波大学艺术学院　　指导老师：包伊玲　　学生：张夏璐

Newborn·World ore——Ore Museum design
矿世·新生——矿石博物馆建筑设计

宁波大学 艺术学院　学生：张夏璐　导师：包伊玲

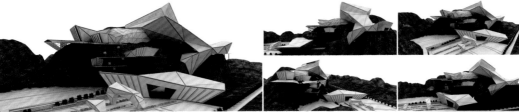

■ 矿石博物馆，主题是矿世·新生。

■ "矿世"一指世界矿石，紧扣矿石博物馆的展览主体，二是旷世的同音词，有年代久远，空前绝后的意思，矿石是年代久远的，而如此大型的矿石博物馆又是空前的，三是矿石的同音词。

■ "新生"一指矿石沉积地下上百亿年，人类文明将矿石开采出来，发挥其用，有矿物获得新生的概念，二是博物馆选址在一座废弃的矿区之中，重新将其规划设计，也有该矿区获得新生的意味。最后博物馆依矿山而建，与矿山融为一体，有山"生"建筑之意。

■北立面图

■西立面图

■南立面图

■ 主要建筑部分
■ 主要展区
■ 主要办公部分
■ 游客密集区

■东立面图

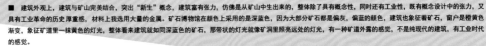

■ 建筑外观上，建筑与矿山完美结合，突出"新生"概念，建筑富有张力，仿佛是从矿山中生出来的，整体除了具有概念性，同时还有工业性，既有概念设计中的张力，又具有工业革命的历史厚重感，材料上我选用大量的金属。矿石博物馆在颜色上采用的是深蓝色，因为大部分矿石都是偏灰，偏蓝的颜色，建筑也象征着矿石，窗户是橙黄色渐变，象征矿道里一抹黄色的灯光，整体看来建筑就如同深蓝色的矿石，那带状的灯光就像矿洞里照亮远处的灯光，有一种矿道外露的感觉，不是纯现代的建筑，有工业时代的感觉。

学校：南京艺术学院景观设计系　　指导老师：詹和平　徐炯　卫东风　　学生：武雪缘　杜江慢　尤一枫　庞婷婷　席静文　许柏力楠

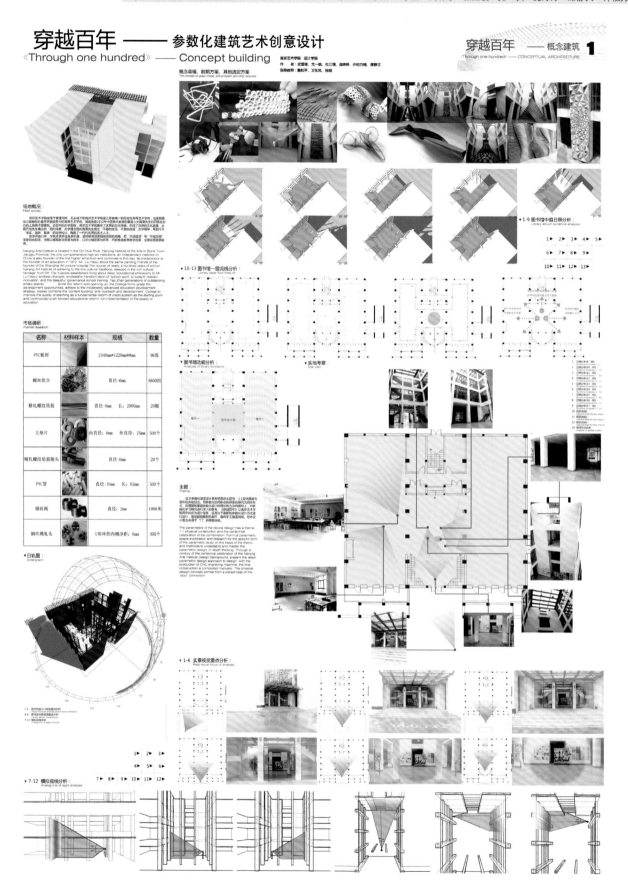

穿越百年 —— 参数化建筑艺术创意设计

《Through one hundred》—— Concept building

穿越百年 —— 概念建筑 1

点评：作品从艺术视域切入设计，采用参数化设计自下而上的手法，以实验的手段尝试主题性设计表达，将空间与时间以一种线性演进的方式融为一体，场所特性与事件对话在此更为显现，作品在概念传达、设计控制、逻辑推演、材料构造、建造完成度等方面均达到了设计预期。

学校：南京艺术学院景观设计系　　指导老师：詹和平　徐炯　卫东风　　学生：武雪缘　杜江慢　尤一枫　庞婷婷　席静文　许柏力楠

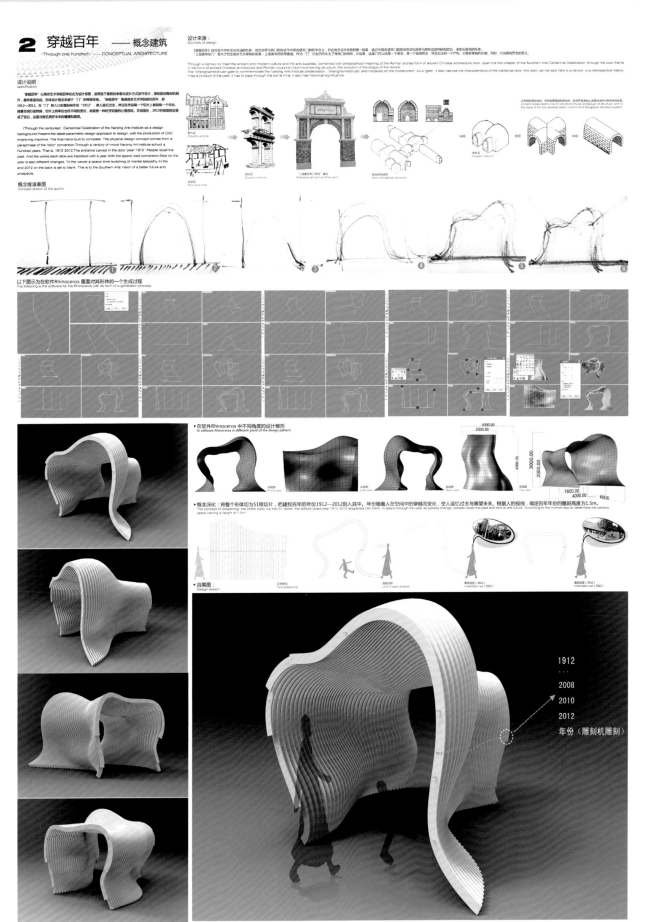

2 穿越百年 ——概念建筑
『Through one hundred』 —— CONCEPTUAL ARCHITECTURE

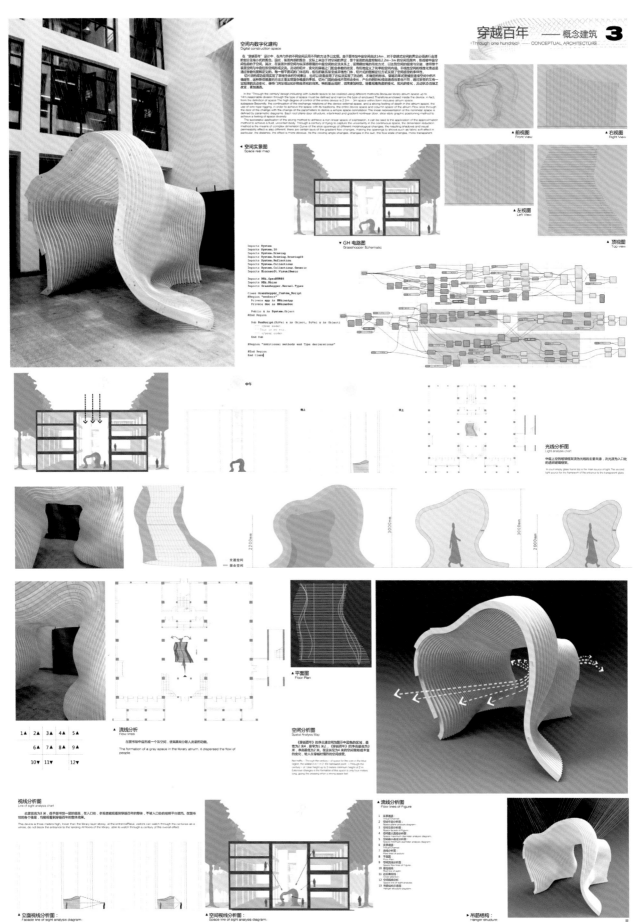

学校：四川美术学院建筑艺术系　　指导老师：周秋行　　学生：叶子菁　温阿龙　胡玥

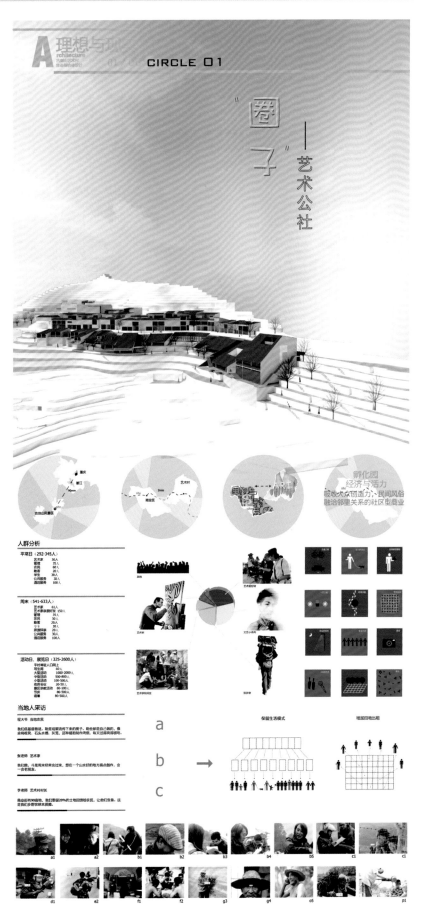

学校：四川美术学院建筑艺术系　　指导老师：周秋行　　学生：叶子菁　温阿龙　胡玥

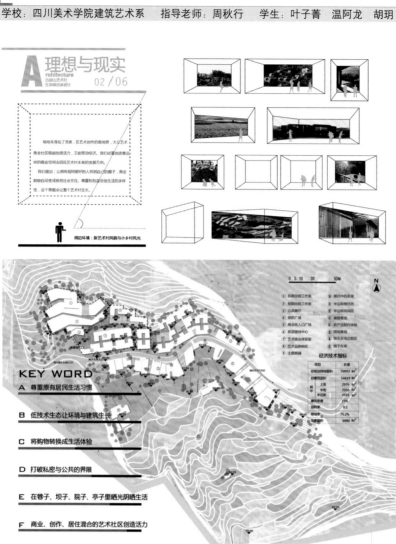

KEY WORD

A 尊重原有居民生活习惯

B 低技术生态环境与建筑生长

C 将购物转换成生活体验

D 打破私密与公共的界限

E 在巷子、坝子、院子、亭子里晒光阴晒生活

F 商业、创作、居住混合的艺术社区创造活力

建筑体量生成

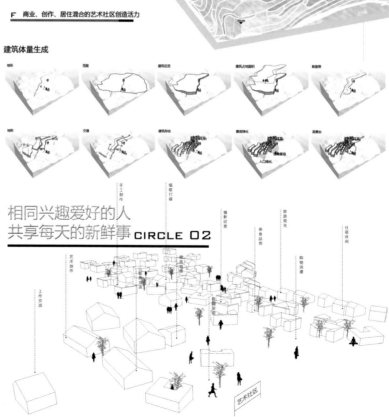

学校：四川美术学院建筑艺术系　　指导老师：周秋行　　学生：叶子菁　温阿龙　胡玥

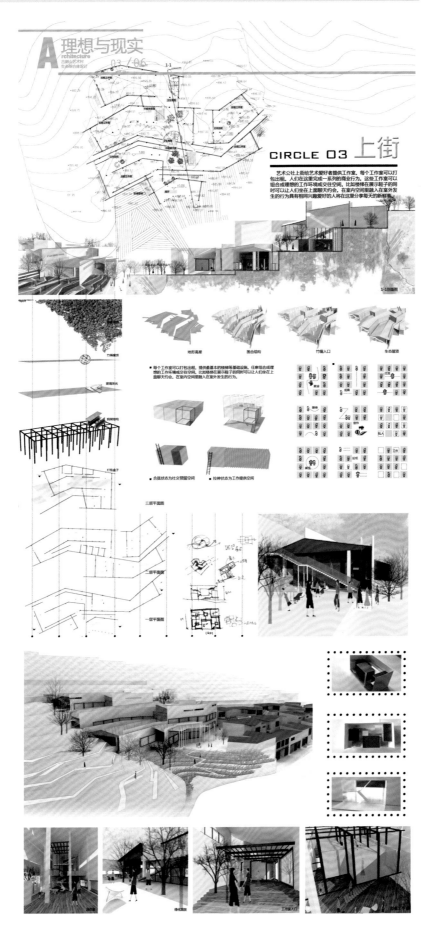

A 理想与现实

CIRCLE 03 上街

艺术公社上街给艺术爱好者提供工作室。每个工作室可以包出租。人们在这里完成一系列的商业行为。这些工作室可以组合成理想的工作环境或交往空间。比如楼梯在展示鞋子的同时可以让人们坐在上面聊天约会。在室内空间里融入在室外发生的行为具有相同兴趣爱好的人将在这里分享每天的新鲜事。

中国环境设计学年奖

学校：北京工业大学艺术设计学院　　指导老师：贾荣建　　学生：刘畅

概念建筑设计——悬崖电梯

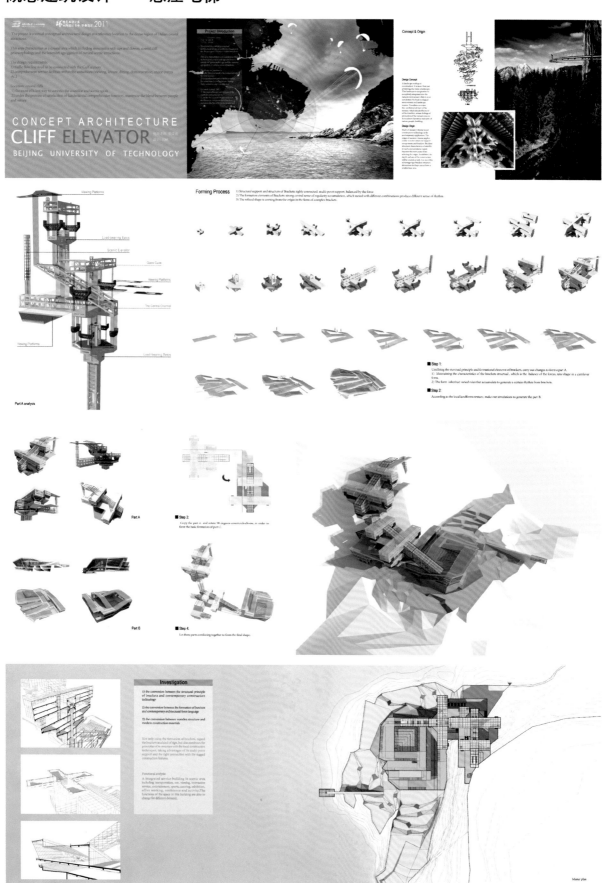

学校：北京工业大学艺术设计学院　　指导老师：贾荣建　　学生：刘畅

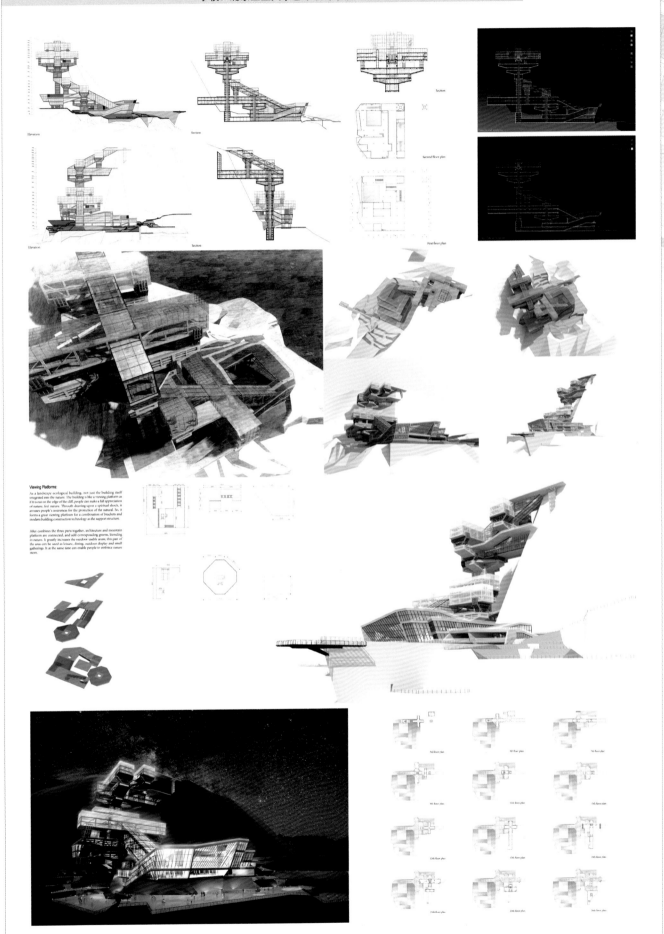

中国环境设计学年奖

学校：四川美术学院建筑艺术系　　指导老师：谢一雄　　学生：廖大为　杨一龙　孙锦瑶

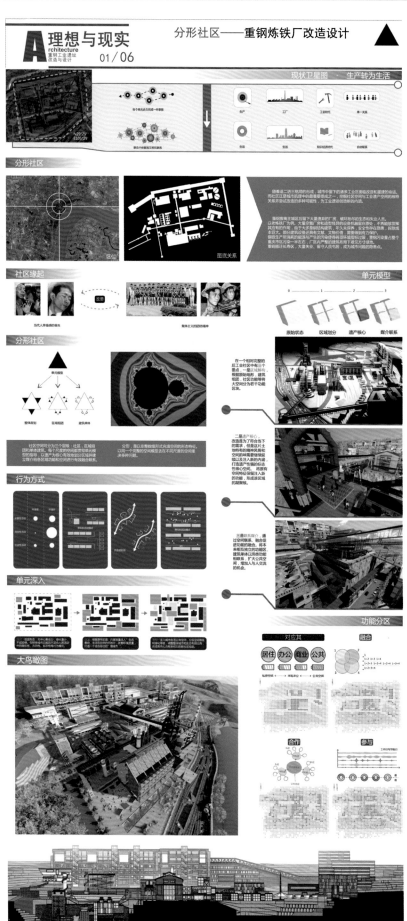

学校：哈尔滨工业大学建筑学院建筑系　　指导老师：邵郁　　学生：周舟

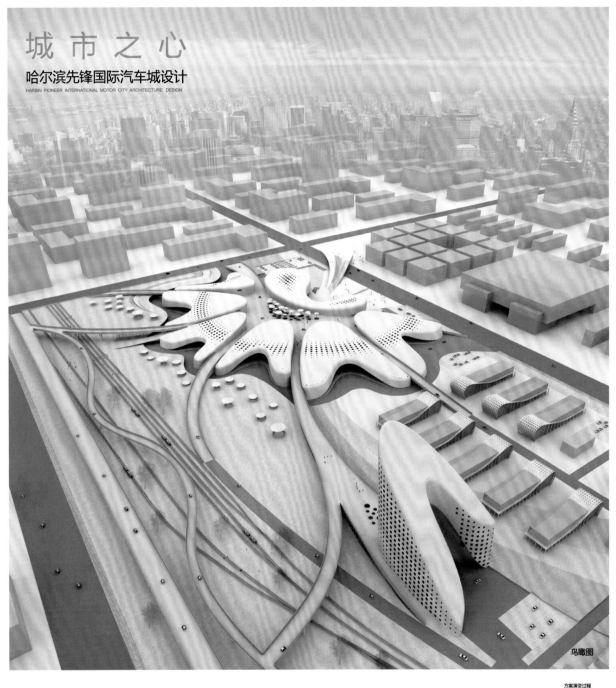

城市之心
哈尔滨先锋国际汽车城设计
HARBIN PIONEER INTERNATIONAL MOTOR CITY ARCHITECTURE DESIGN

鸟瞰图

哈尔滨先锋国际汽车城设计　HARBIN PIONEER INTERNATIONAL MOTOR CITY ARCHITECTURE DESIGN

1/5

点评： 该作品以"城市之心——哈尔滨先锋国际汽车城设计"为题，从对区域环境的整体构思与分析，到建筑单体设计都做了较深入的考虑。方案构思新颖，空间富于变化，建筑形态简洁而有视觉冲击力，符合汽车城的现代感要求。

学校：东北师范大学美术学院环境艺术设计系　　指导老师：王铁军　刘学文　　学生：邢斐

拓荒者生态建筑

1

点评：作者将未来主义设计融入到自己的创作意识中，充分体现出年轻人设计的活力。用自己的力量去号召人们对自然、对生态的关注。以荒漠拓荒者的身份切入人与自然的关系，让这种关系变得持久而有生命力。有理想才有设计。希望，设计者由想象到实现的一天并不遥远。

学校：北京工业大学艺术设计学院   指导老师：张屏   学生：韩玥

湖北省武当山稻田茶社建筑及室内概念方案设计

北京工业大学艺术设计学院 2012年环境艺术专业毕业设计

稻田茶社

GRADUATION DESIGN WORK OF **DAOTIAN TEAHOUSE**

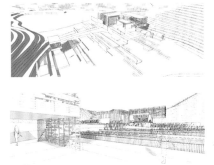

前期方案演变

湖北省武当山太极湖小镇旅游地产规划概念方案之稻田茶社建筑及室内概念方案设计

姓名：韩玥

指导教师：张屏

茶文化是经历了数千年的轮回和积淀形成的具有特殊结构和模式的文化系统，反映了当代社会的文化氛围和精神气息，为人类的文明史写下了绚丽的篇章。

"茶"字拆开，就是"人在草木间"。草木乃是人生之本，故而生活就是一杯茶。"人在草木间"的理念与中国道家崇尚自然，追求的"天人合一"的思想相契合。

本次设计理念来自对"茶"字内涵的拆解，将茶文化的精神内核运用到茶社建筑的设计中。

茶

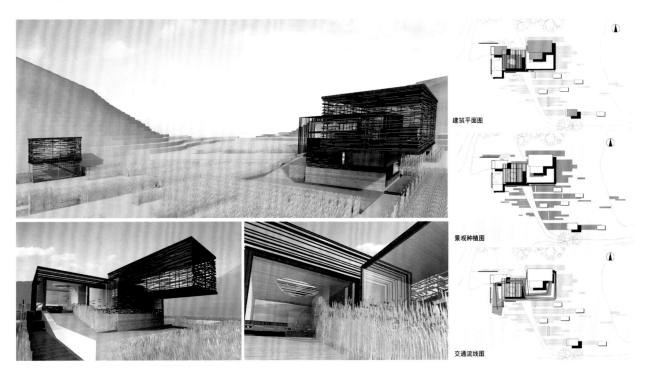

建筑平面图

景观种植图

交通流线图

学校：四川美术学院建筑艺术系　　指导老师：李勇　　学生：胡晓　盈倩　梁明月　程雪

A 理想与现实
Architecture
宁厂古镇冲沟宾馆
建筑及景观设计　01/09

宁厂古镇冲沟宾馆建筑及景观设计

设计背景

地理特点：宁厂古镇位于重庆市巫溪县城北部沿袭鄂交界的峡谷……

设计目的

调研・认知

场地形体认知

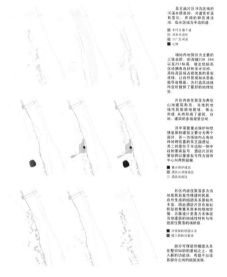

感悟历史轮廓

古镇价值回归

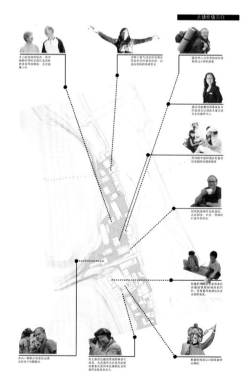

城市设计

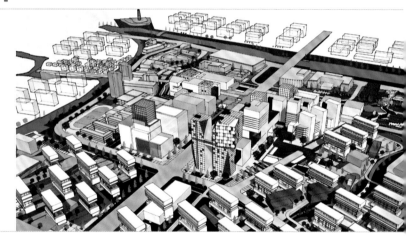

学校：同济大学建筑与城市规划学院建筑系　　指导老师：陈泳　　学生：林恺怡　李亚冬　黄南天

苏州南门苏纶场地区城市设计 01
Urban Design of South Gate Sulun Area in Sunzhou

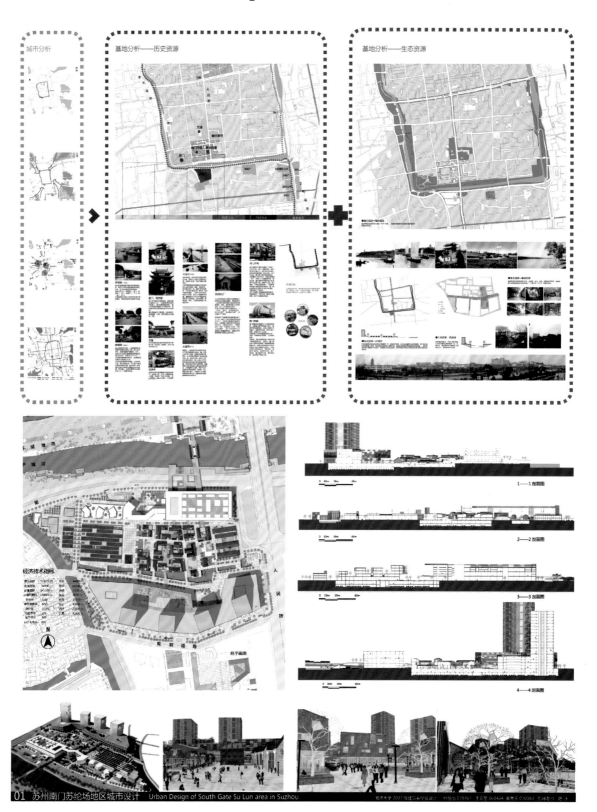

点评：设计小组以城市滨水产业基地的历史保护和活力复兴为主题，充分挖掘苏纶场地区的历史文化与自然环境资源，并注意把握现代社会的行为模式和活动规律，从历史、生态与活力三个方面提出复兴对策。在此基础上，确立清晰而合理的功能结构，有效组织多维通达的交通体系，塑造出富有特色的地区建筑形态与滨水空间景观。

学校：同济大学建筑与城市规划学院建筑系　　指导老师：陈泳　　学生：林恺怡　李亚冬　黄南天

苏州南门苏纶场地区城市设计 02
Urban Design of South Gate Sulun Area in Sunzhou

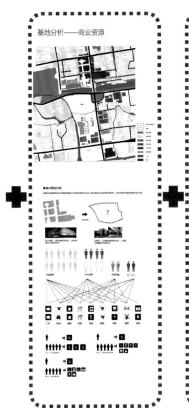

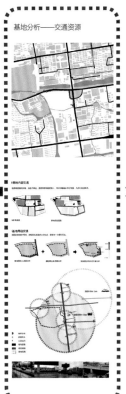

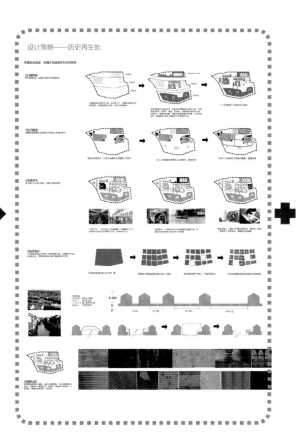

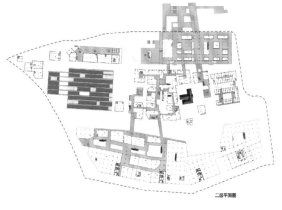

学校：同济大学建筑与城市规划学院建筑系　　指导老师：陈泳　　学生：林恺怡　李亚冬　黄南天

苏州南门苏纶场地区城市设计 03
Urban Design of South Gate Sulun Area in Sunzhou

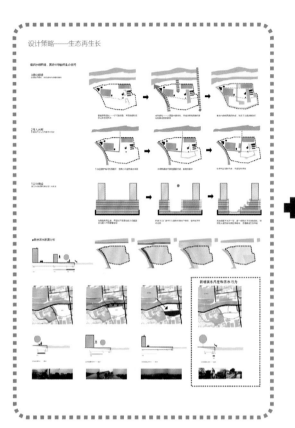

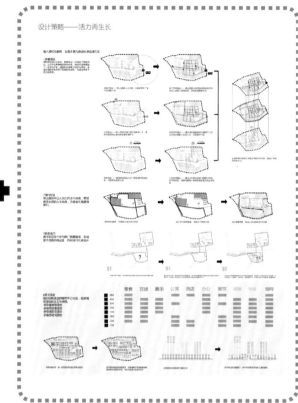

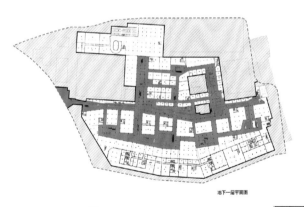

地下一层平面图

地下二层平面图

学校：同济大学建筑与城市规划学院建筑系　　指导老师：陈泳　　学生：林恺怡　李亚冬　黄南天

苏州南门苏纶场地区城市设计
Urban Design of South Gate Sulun Area in Sunzhou 04

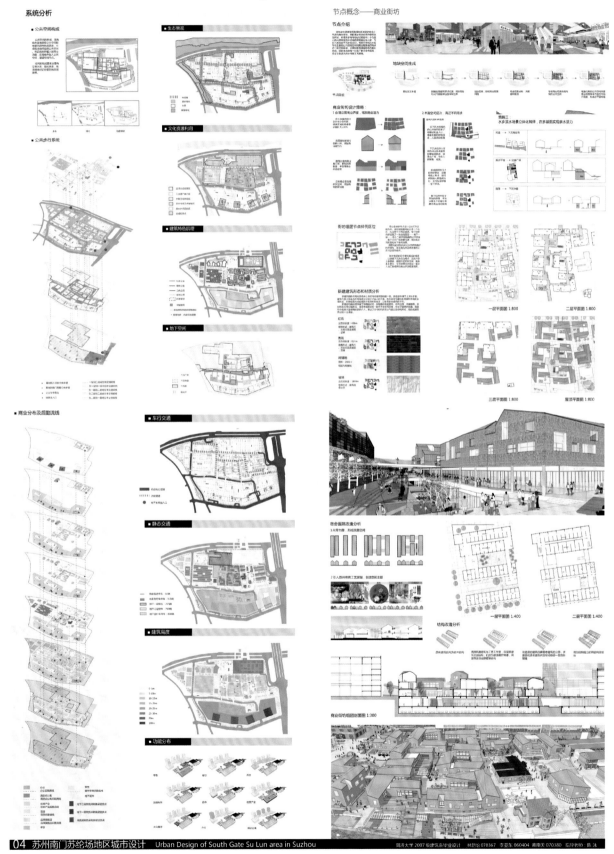

学校：华南理工大学建筑学院　　指导老师：孙一民　周毅刚　　学生：李海全　陈玮璐　李知浩　朱怡晨　余月郯　付忠汉　孙阳

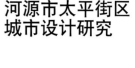

河源市太平街区城市设计研究

区位及设计范围

1、地理区位
太平街区东至中山大道，南至人民路，西至化龙路，北临新丰江，位于河源两江四岸的重要位置。

2、交通区位
目前，老城片区道路有主干道两条，次干道四条，路网密度不高。设计地块周边由一条主干道，一条次干道，两条支路围合，道路等级不高，交通便捷度有待提高。

规划设计范围

1、研究范围
东至大桥路，南至河紫路，西至东堤路，北至西堤路，包括了河源古城的上下城及上郭与中郭，总面积为 162.71 公顷。

2、设计范围
东至中山路，南至长塘路，西至化龙路步行街，北至沿江路，并将化龙路和滨江区纳入设计范围，总面积约为 11.75 公顷。

SWOT 分析

S	W
1、交通便捷，可达性良好 2、地处老城区商业中心，客流量较大 3、历史商业资源优势，商业底蕴雄厚 4、滨江景观环境良好	1、地块内及周边停车场地不足，高峰时段有拥堵现象，步行环境较差 2、太平街商业等级普遍较低，业态分布不合理 3、传统风貌建筑年久失修，传统街区肌理破坏，市政、生活设施不齐全，人居环境差 4、旧城区空间拥挤，建筑密度大，拆迁安置补偿较高 5、街区内治安环境较差

O	T
1、地区经济发展，旅游客流量连年增长 2、两江四岸开发建设高潮，政府政策支持 3、客家古邑声名远播 4、城际轨道建设，对接珠三角腹地，带来更多游客	1、重塑太平街历史商业地位，打造传统特色商业街 2、保护街区内历史建筑，弘扬传统文化，发展旅游 3、保护街区传统肌理，改善居住环境 4、探索自下而上的模式，使规划顺利实施

设计定位：富有活力的历史文化街区

1) 塑造城市个性，改善城市面貌，恢复旧城区城市活力，利用河源丰富的人文资源，配合地方特色的节日庆典活动，策划举办层次较高的大型活动，提升地方文化品位与区域认知度。将其打造成为一个"景观优美、功能齐备、形象突出的市级综合公共服务核心"。

2) 老城区在旅游服务设施方面还处于起步阶段，应增设休闲和娱乐设施，打造集"吃、住、行、游、购、娱"为一体的产业链。

3) 老城区居住空间改造，应优化用地结构，疏解老城区居住密度过大的压力，完善地区公建配套，改善旧城区居民生活环境，注意与老城现有的空间尺度相协调。改善配套基础设施，坚持小规模有机更新的改造模式，结合原有居住文化创造新的住宅改造模式和肌理修补模式。

4) 对于老城区的绿地系统，采用拆墙见绿、拆除危旧建筑和闲置用地回收等方式，结合旧城改造，整理出用地进行建设社区公园。

5) 对于太平街等老城更新内容进行重点整治，保持好街道空间尺度和建筑特征，强化老城历史文化特征，保护非物质文化遗产，适当复兴和引进具有地域特色的文化要素，重塑历史空间场景，演绎传统河源文化。

6) 应针对太平街区提出了通过整体改造和提升原太平街及周边区域的空间品质和功能布局，形成河源老城区最具传统特色的骑楼商业，和较强旅游观光辐射力的民国风情街。

昼夜城市设计鸟瞰图

学校：华南理工大学建筑学院　　指导老师：孙一民　周毅刚　　学生：李海全　陈玮璐　李知浩　朱怡晨　余月鲡　付忠汉　孙阳

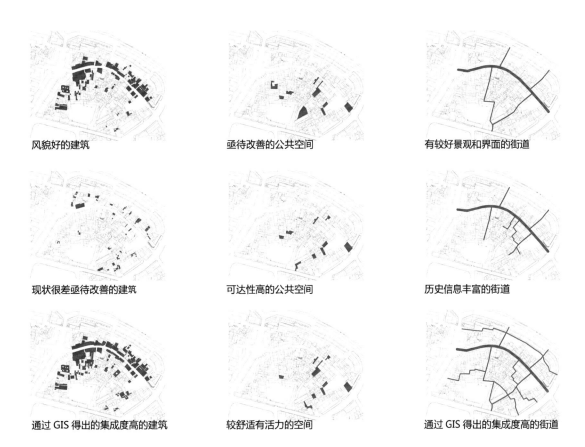

风貌好的建筑

亟待改善的公共空间

有较好景观和界面的街道

现状很差亟待改善的建筑

可达性高的公共空间

历史信息丰富的街道

通过 GIS 得出的集成度高的建筑

较舒适有活力的空间

通过 GIS 得出的集成度高的街道

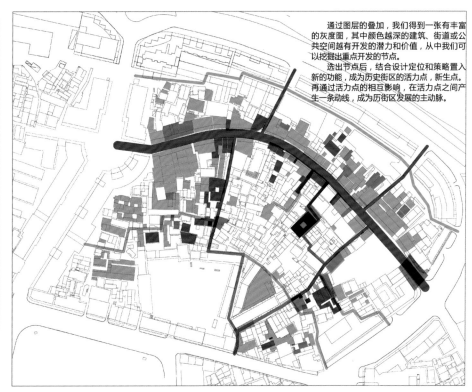

通过图层的叠加，我们得到一张有丰富的灰度图，其中颜色越深的建筑、街道或公共空间越有开发的潜力和价值，从中我们可以挖掘出重点开发的节点。

选出节点后，结合设计定位和策略置入新的功能，成为历史街区的活力点，新生点。再通过活力点的相互影响，在活力点之间产生一条动线，成为历街区发展的主动脉。

中国环境设计学年奖

学校：华南理工大学建筑学院　　指导老师：孙一民　周毅刚　　学生：李海全　陈玮璐　李知浩　朱怡晨　佘月粼　付忠汉　孙阳

骑楼街是河源市现存的唯一一条骑楼式的历史街，但现状保护较差，许多历史建筑已失去当时的风貌，许多街巷空间也未被充分的利用。设计目的是使骑楼街能够延续，使其能够传达历史信息，提高环境的可读性，也使其能够适应人们的现代生活。

齐兴昌附近，多人活动，有商贩，有休息空间

登龙巷口，人往来较多，但现状拥挤杂乱

活动商贩较多，但少人停留

自搭棚子，现状混乱

黄屋巷口，多人经过，现状有休息空间，有人看书读报

现代建筑底部，有少许人停留

滨江步行带

太平街

人民路

太平街区北侧临江，南面有鄂湖公园，太平街东西走向，与滨江长堤路平行，中间由黄屋巷、登龙巷连接；太平街与南面鄂湖边人民路通过阳屋巷，丘屋巷连接。太平街东端为翔丰商业广场，西端则接化龙路商业步行街，为两个商业点之间最便捷的连接。

街巷关系

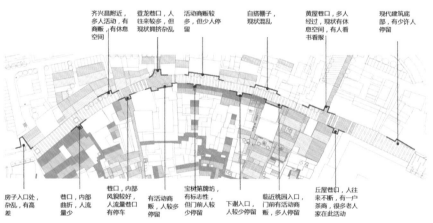

房子入口处，杂乱，有高差

巷口，内部曲折，人流量少

巷口，内部风貌较好，人流量巷口有停车

有活动商贩，人较多停留

宝树第牌坊，有标志性，但门前有较少停留

下谢入口，人较少停留

临近桃园入口，门前有活动商贩，多人停留

丘屋巷口，人往来不断，有一户茶商，很多老人家在此活动

空间利用现状

规划结构

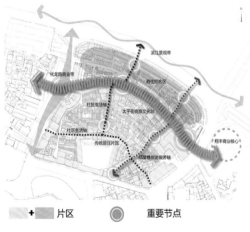

片区

重要节点

主要轴线　　连接渗透线

学校：四川美术学院设计艺术学院环境艺术系　　指导老师：谭晖　方进　　学生：王海涛　晏榕雪

1 绿舟·绿洲——重庆三峡广场生态立体空间改造设计

一. 场地区位

"三峡广场"位于重庆市沙坪坝区闹市中心，是集文化、休闲、商圈为一体的综合性广场。每天客流量达30万人次，是沙坪坝区的文化、金融中心。

二. 地理气候分析

1. 气温

7月至8月份气温最高，多在27℃—38℃之间，最高极限气温可达43.8℃。因此，重庆与武汉、南京并称长江流域三大"火炉"。

2. 降水

重庆位于北半球副热带内陆地区，夏长酷热多伏旱，秋凉绵绵阴雨天，冬暖少雪云雾多，年降雨量在1000—1450毫米左右。

三. 现状分析

1. 整体现状

场地位于三峡广场的核心位置，分为地上层与地下层。地上层均为硬质铺装，有部分水景造型；地下层为低端商业店铺，无自然采光与通风，条件恶劣经营惨淡。地上层与地下层关联性差，空间之间没有联系。

2. 交通问题

三峡广场内的交通设施分散，地铁、公交、停车场位置七零八落，相互之间没有关联，行人使用非常不便。

3. 环境问题

重庆夏季多伏旱，30℃以上的高温天气160天以上，而三峡广场内均为硬质铺装，吸热量大，蒸发耗热少，造成强烈的热岛效应。场地硬质铺装阻碍了雨水自然的下渗，造成雨水管理不善带来的水污染和城市管道压力。

4. 景观用水情况

原有景观主要引用自来水来补充，雨水体景观因管理不慎而造成水体恶化，规模庞大的喷泉景观靠电力带动，消耗大量的能源并增加了经费和管理的负担。

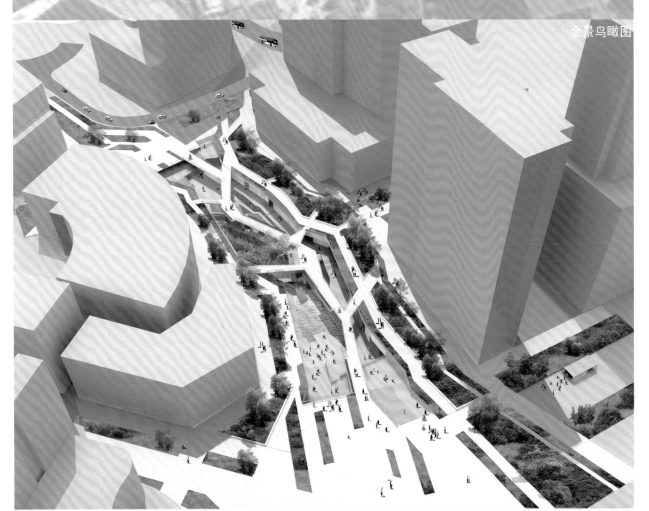

全景鸟瞰图

四川美术学院　　作品名称：绿舟·绿洲——重庆三峡广场生态立体空间改造设计　作　　者：王海涛　晏榕雪

专　　业：环境艺术设计　　　　　　　　　　　　　　　指导教师：谭晖

中国环境设计学年奖

学校：四川美术学院设计艺术学院环境艺术系　　指导老师：谭晖　方进　　学生：王海涛　晏榕雪

2 绿舟·绿洲——重庆三峡广场生态立体空间改造设计

四. 设计策略

1. 开敞空间
揭开地上层的局部楼面，将地下空间调整为上下两层以补充被揭开部分的商业面积。地下层将转变为一个开敞空间，从而解决了其通风与采光不足，也为地下层带来了新的商机，同时为行人提供了可遮阳、避雨、纳凉和休闲的新空间。

立体空间推导

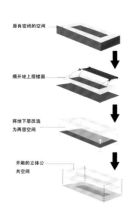

原有密闭的空间

揭开地上层楼面

将地下层改造为两层空间

开敞的立体公共空间

2. 交通枢纽
针对步行街内交通混乱拥挤、路网主次不明，上下层交通体系缺乏联系的问题。本案中设计将地上局部揭开，打通地上与地下的空间联系。让场地成为重要的交通枢纽，连接地下的公交与出租车体系统与地下的地铁和停车系统。

立体交通分析

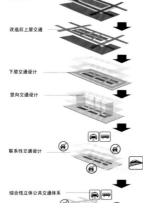

原有交通

改造后上层交通

下层交通设计

竖向交通设计

联系性交通设计

综合性立体公共交通体系

3. 雨水花园
原场地的景观用水为不可回收的自来水。针对这一问题，本案提出在场地中引入雨水。用雨水浇灌本地乡土植物，形成雨水花园，构建微型生态圈，降低局部气温。

立体雨水花园建立推导

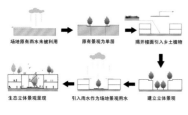

场地原有雨水未被利用　　原有景观为单层　　揭开楼面引入乡土植物

生态立体景观呈现　　引入雨水作为场地景观用水　　建立立体景观

生态立体景观设计与商业价值提升示

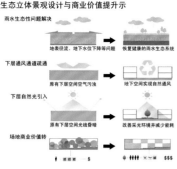

雨水生态性问题解决

地表径流、地下水位下降等问题　　恢复健康的雨水生态系统

下层通风通道疏通

原有下层空间空气污浊　　地下空间实现自然通风

下层自然光引入

原有下层空间光线昏暗　　改善采光环境并减少能耗

场地商业价值转

五. 概念生成

1. 形态指导——绿舟
揭开地上层的局部楼面，打通上下层空间联系的脉络，将下层空间中的地铁一号线和地下停车场的出入口，与上层空间中的出租车站台和公交车站台接通。场地建成为一个全新的立体交通枢纽。

场地的舟　　引入雨水　　引入乡土植物　　在环境中的生态绿舟

2. 概念推导——绿洲
利用上下高差和原始地形高差，实现雨水的收集、净化、下渗、存储、再利用、生态排放等一系列动态过程，建立小型生态性雨水花园和雨水湿地，形成一个人与自然和谐相处的微型生态圈，调节局部小气候，改善场地夏季炎热的气候状况。

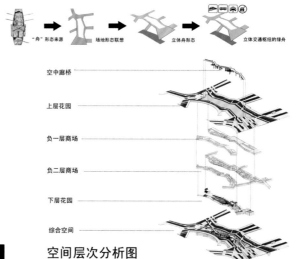

"舟"形态来源　　场地形态联想　　立体舟形态　　立体交通枢纽的绿舟

空中廊桥

上层花园

负一层商场

负二层商场

下层花园

综合空间

空间层次分析图

六. 设计成果

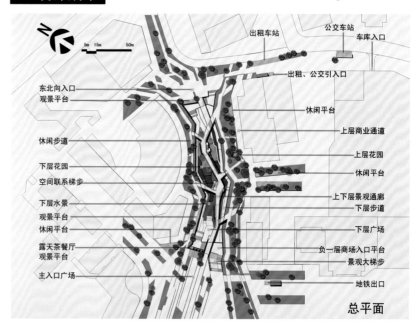

东北向入口
观景平台
休闲步道
下层花园
空间联系梯步
下层水景
观景平台
休闲平台
露天茶餐厅
观景平台
主入口广场

出租车站　　公交车站
车库入口
出租、公交引入口
休闲平台
上层商业通道
上层花园
休闲平台
上下层景观通廊
下层步道
下层广场
负一层商场入口平台
景观大梯步
地铁出口

总平面

四川美术学院　　作品名称：绿舟·绿洲——重庆三峡广场生态立体空间改造设计　作　　者：王海涛　晏榕雪

专　　业：环境艺术设计　　　　　　　　　　　　　　　　　　指导教师：谭晖

学校：四川美术学院设计艺术学院环境艺术系　指导老师：谭晖　方进　学生：王海涛　晏榕雪

5 绿舟·绿洲——重庆三峡广场生态立体空间改造设计

七. 雨水景观利用手段

1. 蓄水系统

场地蓄水系统主要是通过对上层步行街建筑屋顶、人行道路进行雨水的收集和存蓄。

2. 过滤系统

过滤系统分为上层步行街雨水花园的雨水收集过滤与下层空间的雨水湿地过滤。上层雨水花园和下层雨水湿地过滤系统结构分层主要为：

1. 蓄水层 2. 覆盖层 3. 植被及种植土层 4. 粗砂层 5. 砾石层，

上层花园植物配置主要以耐涝又有一定的抗旱能力的草本和灌木为主。下层湿地则以根系发达茎叶繁茂的芦苇、香根草等湿生植物为主。

3. 收集利用

收集过滤后的雨水主要用于场地内的绿化浇灌、景观用水、清洁卫生用水和少量的饮用水供给。

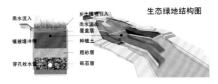

生态绿地结构图

雨水流入
乡土植物引入
雨水滤层
植被缓冲带
覆盖层
种植土
粗砂层
穿孔收水管
砾石层

雨水收集利用示意图

生态排水管道
景观性生态储水池
雨水层级过滤收集田
下层储水装置
二级雨水花园
路面生态雨水沟
生态引水收集
一级雨水花园
路面下方储水装置
周边建筑屋顶集水装置

渗水路面
过滤收水管道
饮用水净化器

八. 结束语

随着地铁的普及，地下空间合理有效的利用成为了城市景观设计的重点与难点。本案大胆的将地上层的楼面在不影响结构的前提下局部揭开，并利用场地狭长的"舟"形特点，将地下层的地铁和停车场系统与地上层的公交与出租车系统联通起来，建立了一个立体交通体系。另一方面，本案还创新性地将雨水收集与乡土植物栽种结合的雨水花园引入场地，形成城市广场中的绿洲。该"绿洲"建构了一个微型生态圈，降低了局部温度，一定程度上起到了缓解热岛效应的作用。"绿舟·绿洲"设计不仅为地下层的商业空间带来了自然的通风与采光，而且还有可再生的植物与水源，提升了场地的商业价值，为市民创造了可遮阳、避雨的休闲空间，同时也为其他的地下空间改造提供了一定的参考价值。

剖立面

A-A 剖立面

B-B 剖立面

植物配置图

荸荠 differences | 慈菇 Keats mushroom | 革命草 Revolution grass | 沙紫苑 Sand asters | 美人蕉 canna | 铁线蕨 Rice the fern | 茼蒿 TongNao | 毛茛 MaoLang | 水葫芦 waterGourd | 射干 Shoot dry | 香蒲 typha | 再力花 To force flowers | 茶菱 Iea rhadoobohwh ero | 灯芯草 rushes | 芦苇 reed | 苦草 Bitter grass

四川美术学院　作品名称：绿舟·绿洲——重庆三峡广场生态立体空间改造设计　作　者：王海涛　晏榕雪
专　业：环境艺术设计　　　　　　　　　　　　　　　　　　　指导教师：谭晖

学校：江南大学设计学院建筑环艺系　　指导老师：吴尧　　学生：苏婉

澳门路环展览中心综合体

EXHIBITION CENTER COMPLEX DESIGN
PROTECTION AND REUSE OF INDUSTRIAL HERITAGE

江南大学设计学院
08级建筑学毕业设计

**Architecture
Graduation
Design Project**

苏婉
景观0802

指导老师：吴尧

0607080201
完成时间：2012.06

设计理念

　　造船业原先为路环市区经济发展的支柱产业，但近年来逐渐衰落。原先荔枝湾马路旁有多家造船厂，随着造船行业的落寞，现在只剩下一片遗址。

　　在现有遗址的基础上，保留原有造船厂格局，将多座厂房整合成为一座综合性的展览中心，展现路环市区历史，经念造船业的曾经；同时还将包括一座图文中心，除了展示功能还兼具了娱乐、方便当地居民阅读的空间功能。平面布局上遵从原有轮廓，通过在厂房位置仅保留排架，达到虚实相间的效果，产生更为有趣丰富的空间变化。

　　立面上通过将结构暴露的手段，使建筑更具有力度。表皮材质选用素混凝土，给人以稳重而纯净的感觉，透露出历史的沉淀。素混凝土与暴露的结构相配合，让建筑变得纯粹。在一些面上适用玻璃幕墙，达到自然采光的目的，也能形成良好的观景视角；玻璃幕墙与大面积不开窗的素混凝土墙体形成碰撞与融合，使得整个建筑动静结合达到平和，不至于过于沉闷与肃杀，也丝毫不会显得轻佻。

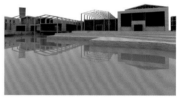

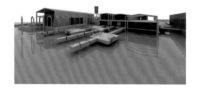

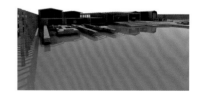

学校：江南大学设计学院建筑环艺系　　指导老师：吴尧　　学生：苏婉

PROTECTION AND Reuse of Industrial Heritage

Exhibition Center Complex

·前期分析

A 地理位置
· 图1 · 图2 · 图3

B 背景概况
· 图4 · 图5 · 图6 · 图7

C 基地现状
· 图8 · 图9 · 图10 · 图11
· 图12 · 图13 · 图14

D SWOT分析

中国·澳门

中国东南沿海的珠江三角洲西侧由澳门半岛、氹仔岛、路环岛和路氹城四部分组成总面积32.8平方公里，总人口55.7万，全球人口密度最高的地区。 图1

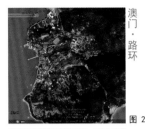

澳门·路环

路环岛位于氹仔岛南约2公里，是澳门最南端的离岛，人口约2,900人。路环旧市区位于路环岛西侧海岸，与珠海横琴岛隔海相望。路环旧市区至今保存小渔村的特色，见证了路环造船业和渔业发展的兴衰。 图2

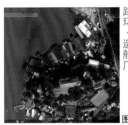

路环·造船厂

北临着荔枝湾南靠荔枝碗马路，合兴造船厂在路环渡往珠海横琴的小码头，择海关办事处旁的偏僻小径上。占地面积约为30000平方米。路环荔枝碗是澳门最后的造船区，保存着澳门的历史痕迹。 图3

路环昔日只是一个小渔村，居民大多从事捕鱼、造船、农耕以及相关的产业为生，历经几百年它见证着澳门的沧桑岁月，具有深厚的历史文化价值与现实意义

造船业原先为路环市区经济发展的支柱产业，但近年来逐渐衰落。原先荔枝湾马路旁拥有多家造船厂，现在只剩下一片遗址。

临水而建的破铁皮高棚透来星点光线
厂房里没了下水的大船
像被掏空了内脏的肚子
直通向浑黄水面，天花板上挂着当年运木运船的索道和粗缆绳
巨木交错，像一座形体扩充的脚手架

图4 图5 图6

图7

一个看来用于居住的房间，高高横搭在厂房内水面上。
生活旧物散落各处，杂乱的状况显示着他的过去，
石块，地砖，屋瓦，路人，
显示着这混沌的一切需要一个新的开始。

路环荔枝碗是澳门最后的造船区。

如何保护和再利用这些
城市工业遗产 是这次的重要讨论方向。

民居现状：部分都是临时搭建，还有很多破旧无人问津的建筑。

基地现为居住区和已经停工的船厂，居住区相当拥挤，道路狭窄，缺乏适当的公共空间。船厂建筑由于欠缺保养和修缮，部分楼房结构存有潜在危险，给途人及居民的生活造成不便。 图8 图9

图10 图11

船厂现状：大部分为木条堆砌的，现状残破无人使用，脏乱差。

基地周边建筑及基地本身建筑风格简单、朴实，建筑和街道都相当陈旧，建筑物兴建年代久远。

图12 图13 图14

S trenghts
地理位置优越 具有独特的历史背景和保护意义
工厂遗址东边面山西面临海 环境优美 潜在价值大

W eskness
长年废弃杂乱不堪 建筑物兴建年代久远 大部分欠缺建筑保养和修缮
垃圾站、指示牌、停车空间等社区配套设施不足 且分布不均

O pportunities
政府重视 各行人士关注
地区快速发展促进对历史保护的需要

T hreats
对建筑遗址的损坏
人流量增加可能导致的交通问题加剧

分析得出　地块的功能需求：

· 政府：对传统工业遗产的保护

· 游客：深刻体验传统工业遗留的文化

· 当地居民：休憩、娱乐场所，美化的居住环境

· 社区：绿化改善环境，充足的社区配套设施

学校：江南大学设计学院建筑环艺系　　指导老师：吴尧　　学生：苏婉

· 建筑图纸

H 总平面图

I 设计分析

· 图 33　景观节点分析
· 图 34　道路剖析
· 图 35　园区路线分析

J 平面 剖面

· 图 36　首层平面图
· 图 37　1-1剖面
· 图 38　2-2剖面
· 图 39　3-3剖面
· 图 40　4-4剖面

K 立面

A区建筑

· 图 41　南立面
· 图 42　东立面
· 图 43　北立面
· 图 44　西立面

B区建筑

· 图 45　南立面
· 图 46　东立面
· 图 47　北立面
· 图 48　西立面

C区建筑

· 图 49　南立面
· 图 50　东立面
· 图 51　北立面
· 图 52　西立面

D区建筑

· 图 53　南立面
· 图 54　东立面
· 图 55　北立面
· 图 56　西立面

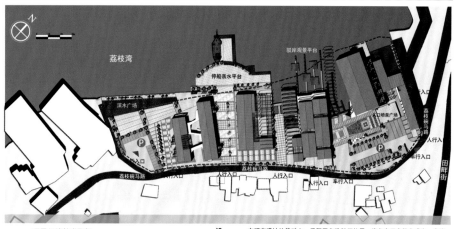

项目经济技术指标：

基地面积：23590.88m²
建筑占地面积：5059.42m²
总建筑面积：12101.41m²

绿化率：29%
建筑密度：21%
容积率：0.5
地上停车位：40辆

餐饮 4095.23m²
厂区 4936.18m²
休闲 4418.32m²

设计说明：

在现有遗址的基础上，保留原有造船厂格局，将多座厂房整合成为一座综合性的展览中心，展现造船业的曾经，平面布局上遵从原有轮廓，通过传承过去虚实相间的结构体系，产生更为有趣丰富的空间变化。

立面上通过将结构暴露的手段，使建筑更具有力度。表皮材质选用素混凝土，给人以稳重而纯净的感觉，透露出历史的沉淀。适用玻璃幕墙，达到自然采光的目的，也能形成良好的观景视角

学校：江南大学设计学院建筑环艺系　指导老师：史明　吴恒　学生：朱素娴

2012年第十届中国高等学校环境设计学年奖

学校：江南大学　班级：环境艺术设计0802　姓名：朱素娴　指导老师：史明 吴恒　完成日期：2012.06

"第57个民族"的记忆
——"疍家"村落整合规划景观设计

本案设计针对问题：
- 随着时代的发展，"疍家"文化逐渐被边缘化，面临消亡的危险；
- 快节奏的都市生活，人们很少停下脚步回味历史，寻回他们的"根"，对逝去的历史只得停留在博物馆的玻璃前了解，往往忽略了生存的环境和状态才是族群传承得以保留的关键；

本案设计对策：
通过对"疍家"村落空间的整合规划，以景观空间作为载体，满足"疍家"文化活动空间的功能需求，使特殊的"疍家"文化得以保留与传承；使更多的人关注"疍家"文化，关注社会中民族边缘化的危机；

本案设计解决手段：
- 整体依据"疍家"村落形成的三个阶段性生活环境合理布局
- 满足实际生活生存需要，以主要的交通流线作为引线，设计与之相匹配的功能活动空间
- 不同的功能空间中，以相应的肌理和空间组织形式凸显特色空间氛围，展现"疍家"文化让人们以参与其中的方式，在"疍家"村落的生活方式和状态中体会"疍家"文化的魅力

基地区位分析
基地位于广东省-东莞市-沙田镇-立沙岛；
沙田镇濒临狮子洋，近珠江出海口。
立沙岛位于沙田镇的西北面，是珠江上游带到下游沙土沉积形成的岛屿，优越的地理位置使得这里的土壤肥沃，水产类也丰富，成为这一带流域疍民们上岸定居的首选之处。毗邻本案最近的"泥洲渡口"是岛上"疍民"与外界联系的唯一渡口，独特的地理区位，在一段时期内使得立沙岛的"疍家"民俗文化得以较完好的保留。

地域环境与气候分析
沙田镇地处广州至东莞、深圳、香港等大中城市发展轴带的中间和珠三角经济圈的几何中心位置。沙田镇具有优越的海岸资源，在东莞58公里海岸线中，拥有28公里的黄金海岸线。交通网络四通八达，沙田即将迎来与广州、深圳、东莞半小时间距的同城化时代，进入与香港、澳门1小时的便利经济圈，同时，可通过虎门港300多条航线连接世界，沙田正成为珠三角乃至华南地区重要的交通枢纽。
东莞市沙田镇濒临狮子洋，近珠江出海口。
沙田镇地势平坦，河涌交错，属珠三角洲平原的一部分。清代以前为江河流域，清代中叶逐渐冲积成洲。其地势以河漫滩地貌为主，标高0.9-1.6米。
夏长无冬、日照长、雨量充沛、温差振幅小、季候风明显、春季常有雾；但也常受台风、暴雨、咸潮的侵袭；濒临狮子洋的水网地带，是典型的海洋性气候。

学校：华南理工大学建筑学院　　指导老师：蒋涛　王世福　赵渺希　　学生：赵红霞　刘珺　罗超　许筱倩　黄淑清　谭晓锋　叶飘君

东莞石龙旧城改造城市设计
The Renewal Design of Old City Area in Shilong Town, Dongguan

中山路中路立面改造示范及东市场 - 聚龙里改造更新设计

失落的城市场景再现 04
The Reproduction of The Lost City Scene

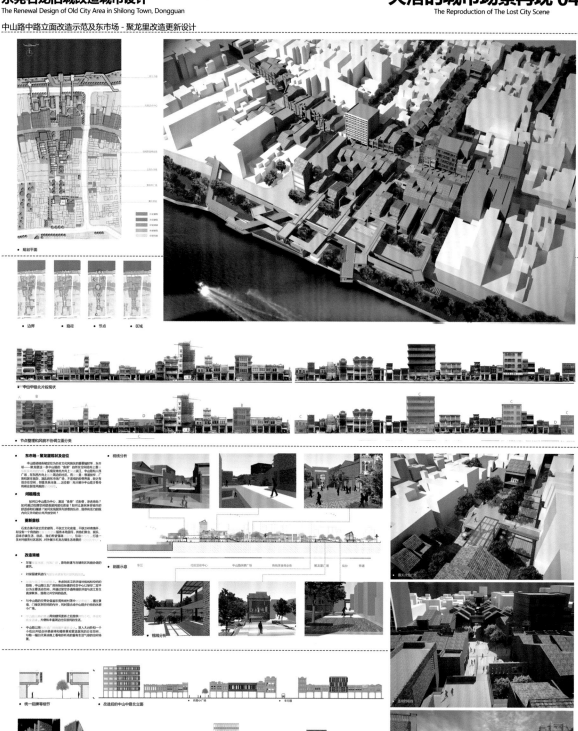

学校：重庆大学艺术学院环境艺术设计系　　指导老师：孙俊桥　　学生：傅红昊

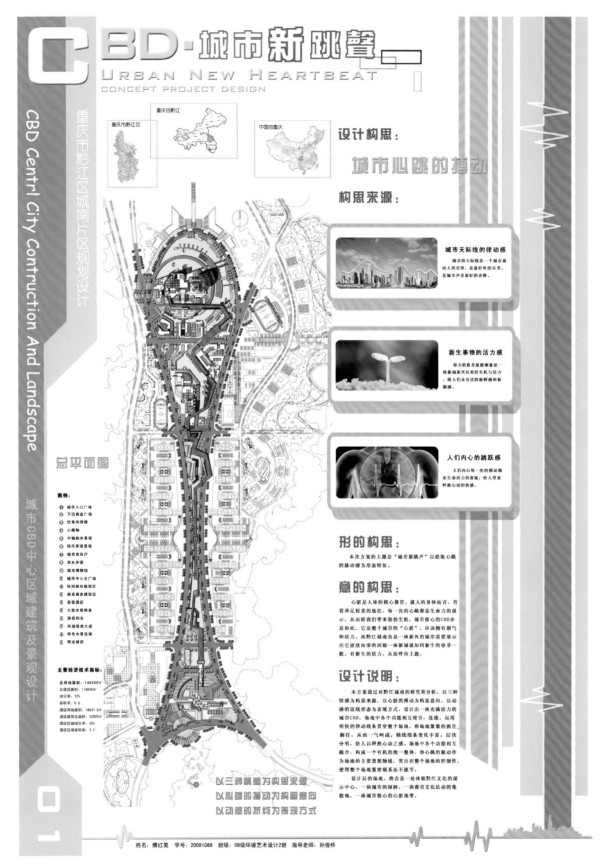

点评：基于对场地的理解，设计者用城市新心跳为构思，在原有城市规划的框架中规定的新城CBD区域，浪漫跳跃地组织了新城区步行交通体系，同时以此为骨架，较为系统完整地构建了新区CBD所需城市功能，分区合理，疏密节奏感较好，此为城市设计构型成功。其二，软质地面与硬质地面的交接对比，城市水系的连续与功能的复合化，使得新区CBD的实施成为可能。天际线的艺术处理与区域高度变化控制都较为成功。

学校：福建农林大学艺术学院　　指导老师：郑洪乐　　学生：栾利鹏

区位分析

福州市，是福建省省会，全省的政治、经济、科教、文化中心。
鬼洞山位于福州市仓山区淮安半岛，属于地壳波动形成的堆积山丘。项目地点位于鬼洞山西侧，面向闽江支流乌龙江，北面临近金辉·淮安别墅区、金辉温泉国际度假中心，东面、南面与福建农林大学接壤，西面与福州市新三环衔接。

生态破坏分析

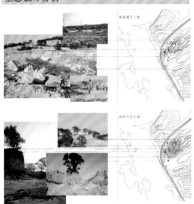

山地遗失分析

1、社会因素
城市经济发展，城市规模扩大，鬼洞山的地理位置成为城市新生地带，福州三环穿过鬼洞山西侧，道路修建需求大量土地填埋，鬼洞山为其提供了便捷的资源。城市人口剧增使城市居住矛盾加剧。房地产行业迅速膨胀，鬼洞山的天然优良居住环境和便捷的交通，受到房地产商的青睐。

2、人文因素
随着房地产商的开发，鬼洞山周围建起高档别墅和度假中心，鬼洞山成为开发商的最佳资源供用地。大量开挖、搬运山地表层的有机土壤作为绿化和修建居住环境，因此鬼洞山成为建设廉价的资源的供用者。

3、环境因素
鬼洞山属于海洋性亚热带季风气候。全年降水量较大，雨季集中在夏季，春天植被稀疏，易发生山体滑坡、水土流失等生态问题。

设计说明

设计内容：
本方案设计主要针对城市化基础建设过程中，导致城市周边生态肌理的破坏，造成的水土流失，植物根系破坏，土壤荒漠化，山体滑坡等严重的生态环境恶化直接影响城市未来绿色可持续化发展。现阶段如何解决高速的城市化发展与生态环境恶化之间的矛盾，成为当代普遍性的现实意义。

针对福州市淮安半岛鬼洞山土地遗失、生态恶化程度。根据自然地貌特征，进行向内向外扩张，地段设计采用不同标高，用路桥跨越架式手法，在龟裂的地表上腾空构架"之"型廊道，宛如闪电漂浮在坑洼的石壁上，形成立体景观。创造一处有聚集性，引导性的地上空间地标。

根据场地的不同破坏程度，采用因地制宜的策略提出"修复、保护、防护"三护一体式的生态网格恢复系统，同时加入人文、地理文化，设立不同的木栈道道，其中分为高空视线木栈道和地面穿越树桩、岩石木栈道，感受不同的地形景观，开启视觉上的不同效果。

设计目标：
1. 防止鬼洞山水土流失、生态恶化；
2. 修复遗失土地、防止山体滑坡；
3. 通过生态景观科普教育人们生态意识；
4. 恢复鬼洞山生物多样性的生态面貌；
5. 创造不同的艺术生态景观空间，开启视觉上的不同生态效果。

设计意义：
通过"修复、保护、防护"三护一体的生态绿化系统，缓解城市发展带来的土地遗失、生态恶化等环境问题。改善城市新生代的生态环境，减轻城市新生代对大自然的破坏，提升人们的生态自然保护意识。

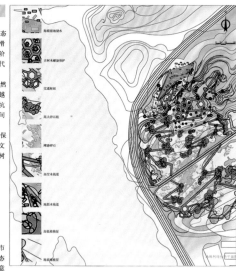

设计理念演化分析　　区域分析

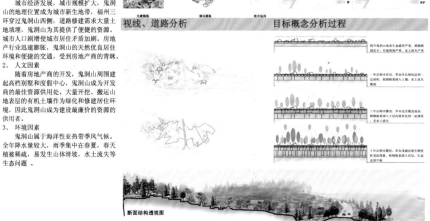

视线、道路分析　　目标概念分析过程

断面结构透视图

森·垚 —— "修复、保护、防护"鬼洞山土地遗失景观恢复设计

断面结构透视图

学校：华南理工大学建筑学院　　指导老师：叶红　　学生：陈可　邝晓雯　毛耀武　王易　罗细群　赖程充　罗异铿　林韵莹

九龙戏珠旅游项目策划及修建性详细规划研究

【规划总平面】

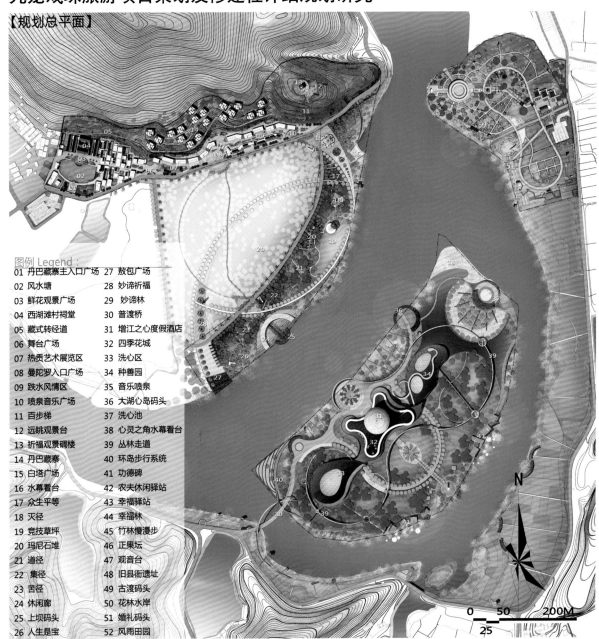

图例 Legend：

01 丹巴藏寨主入口广场	27 敖包广场
02 风水塘	28 妙谛祈福
03 鲜花观景广场	29 妙谛林
04 西湖滩村祠堂	30 普渡桥
05 藏式转经道	31 增江之心度假酒店
06 舞台广场	32 四季花城
07 热贡艺术展览区	33 洗心区
08 曼陀罗入口广场	34 种善园
09 跌水风情区	35 音乐喷泉
10 喷泉音乐广场	36 大湖心岛码头
11 百步梯	37 洗心池
12 远眺观景台	38 心灵之角水幕看台
13 祈福观景碉楼	39 丛林走道
14 丹巴藏寨	40 环岛步行系统
15 白塔广场	41 功德碑
16 水幕看台	42 农夫休闲驿站
17 众生平等	43 幸福驿站
18 灭径	44 幸福林
19 竞技草坪	45 竹林慢漫步
20 玛尼石堆	46 正果坛
21 道径	47 观音台
22 集径	48 旧县衙遗址
23 苦径	49 古渡码头
24 休闲廊	50 花林水岸
25 上坝码头	51 婚礼码头
26 人生是宝	52 风雨田园

0 　25　50　　　　　200M

N

[九龙戏珠]整体详细设计

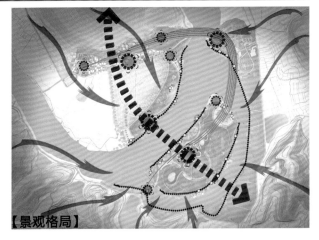

【景观格局】

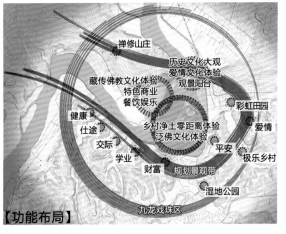

禅修山庄
历史文化大观
爱情文化体验
观景阳台
藏传佛教文化体验
特色商业
餐饮娱乐
彩虹田园
健康
仕途
乡村净土零距离体验
泛佛文化体验
爱情
交际
平安
学业
极乐乡村
财富
规划景观带
湿地公园
九龙戏珠区

【功能布局】

中国环境设计学年奖

学校：深圳大学艺术设计学院艺术设计系　　指导老师：许慧　　学生：李建闯

城市共生 URBAN SYMBIOSIS
——寻找深圳，一场关于城市与我的追问 FINDING SHENZHEN,A QUESTION ON CITY AND SELF

作者：李建闯　　指导老师：许慧　　学校：深圳大学

前言 Computer

大量湿地生态系统的丧失和退化已成为突出的全球性问题，在快速发展的中国这个问题尤其严重。湿地受到人类活动的威胁，这些威胁来自新开发的项目，以及开发建设、工业和农业等活动带来的污染，并导致了用地的变化。如同深圳城市化、填海造陆对湿地生态系统的影响。

深圳湾河床演变过程 Evolution

1907~1949年深圳河河床演变【如上图所示】
1907~1949年，42年间建深圳湾基准面海平面及深圳以下河道的积累量约为65807m3/年平均游积量为156.7万m3。整体淤积幅度为1.5 m，平均的为0.5m。平均游积强度为19mm/a,近岸沉淹幅度最大达1km。0.5~1.0m,平均游积强度12~24mm/a, 中间河槽最新淤积厚度普遍较大，游积速度2.7 m平均的为1.3m,平均游积强度为31mm/a。

1970~1999年深圳湾河床演变【如上图所示】
比较1970~1999年的海图可见，河口沙洲逐渐展长，双槽分级格局明显强化，由于后海时的围海造地等原因。内湾北侧的纳沙线现呈厚度最大。最近期淤积小于0.35万m3。游积速率为1857万m3,到槽减少为4.2 km。深圳湾现状水域面

1970~1999年深圳湾河床演变【如上图所示】
统计表明：1985~1996年是深圳内湾游积较快的时期。11年间深圳内河的纳沙线游积厚度高8m,平均淤积速度为42mm/a, 河道容积过游的支撑，主槽同步深变成倾斜的"2"字形的作用下呈斜率减少为72.5万m3。

2002~2005年深圳湾河床演变[内湾"1、2m等]
等加积减少。主槽成为在高水位对对湖槽性过游的支撑，主槽继步深变成倾斜的"2"字形和游槽断面最窄，面积减少

2000~2005年深圳湾的显不断游积之势，从深圳湾各自游来看，河口段北槽面积游游积的9%~10%,游槽中主槽十分稳定，内游在水冲积时，随着水流的影响中，近湖泥滨、深圳游积涨面，逐步形成的"Z"字形的~3m的作长演变。上图所示：表征深圳河河床游积对湿地生态系统、滩涂面积变化、沿游滩涂游乏红树林地的种群、分布变化以及沼植动物、水生生物、鸟类的栖息繁衍行等造成的极其严重的影响。

城市化对湿地生态系统的影响

20世纪90年代，随着深圳经济特区的快速发展，城市化进程的加大，对海岸带湿地特别是红树林地产生了斯所未有的破坏、磷研究表明，仅1988~2000年深圳填海建设和填工程占用通过红树林降低，植林种数量大幅减少，涵口、机场、高速公路、高楼大厦、渔业养殖、围海造田及工业项目等，使得大部分游岸带湿地、海滩、沙石消失、湖泊游泥沟等海积风减少海淹可见，快速的深圳对土地的需要，是导致游湖和区域的根本原因，也是导致湿地生态系统受损的根本原因。因此解决城市游水区土地的利用与修复湿地生态系统问题已是迫在眉睫。

设计理念 Design concept

深圳湾概况
Shenzhen Bay Profile

深圳湾地处深圳经济特区的西南面，位于东经113°53′06′′~114°02′30′′,北纬22°24′18′′~22°32′12′′之间，为珠江口伶仃洋东侧中部的一个窄内宽的半封闭海湾。深圳湾全长17.5 km,湾宽各处不等，自北岸深圳大学至南岸坑口村，水面宽达10km。东角头至白泥断面最窄，水面宽为4.2 km,深圳湾现状水域面

基地概况
Base profile

深圳湾后海内湖现被规划为F1摩托艇赛场，位于南山后海湾内湖公园的人工湖，后海中心东起沙河西路、西至后海大滨路、北至滨海大道、南至东大滨路、东临深圳湾，面积2.6平方公里；内湾公园位于中心区东南部，占地面积70万平方米，内湖水面达337万平方米。

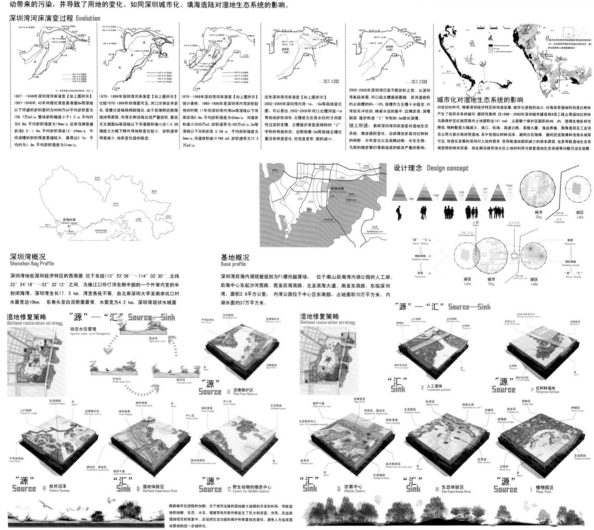

湿地修复策略 Wetland restoration strategy

"源"—"汇" Source—Sink

随着城市化进程的加剧，位于城市边缘的湿地被大规模的开发和利用，导致湿地景观、生态、水文、植被等自然条件都发生了巨大的改变。因此，在这高湿地项目的恢复中，应该把生态功能的保护和恢复放在首位，避免人为造成景观的进一步破碎化。

点评：设计以恢复生态湿地为目标，提出了"城市共生"的设计理念，在充分考虑水陆交接地带生态环境的基础上，通过源与汇、随机网络、空间渗透的设计手法，将后海内湖设计成为集生态、科普、休闲于一体的人工湿地公园。

学校：深圳大学艺术设计学院艺术设计系　指导老师：许慧　学生：李建闯

城市共生 URBAN SYMBIOSIS
——寻找深圳，一场关于城市与我的追问—— FINDING SHENZHEN,A QUESTION ON CITY AND SELF

作者：李建闯　指导老师：许慧　学校：深圳大学

2

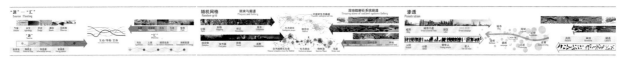

基地的演变过程 Evolution

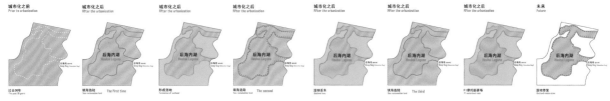

| 城市化之前
Prior to urbanisation | 城市化之后
After the urbanisation | 城市化之后
After the urbanisation | 城市化之后
After the urbanisation | 城市化之后
After the urbanisation | 城市化之后
After the urbanisation | 城市化之后
After the urbanisation | 未来
Future |

总平面 General layout

快速的城市化，不断地填海造陆，使得后海内湖已完全丢失了湿地生态系统的功能，因此，对后海内湖湿地的修复是必要的

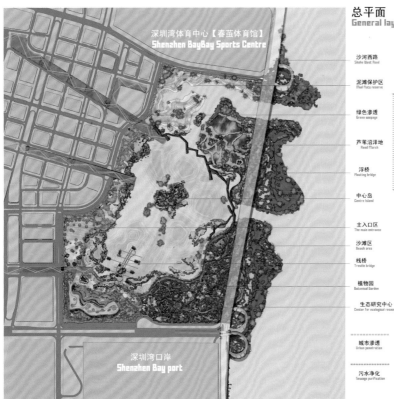

深圳湾体育中心【春茧体育馆】
Shenzhen BayBay Sports Centre

沙河西路　Shahe West Road
泥滩保护区　Mud flats reserve
绿色渗透　Green seepage
芦苇沼泽地　Reed Marsh
浮桥　Floating bridge
中心岛　Centre Island
主入口区　The main entrance
沙滩区　Beach area
栈桥　Trestle bridge
植物园　Botanical Garden
生态研究中心　Center for ecological research
城市渗透　Urban penetration
污水净化　Sewage purification

深圳湾口岸
Shenzhen Bay port

空间结构 Spatial structure

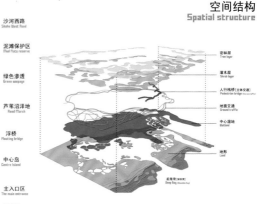

立体交通 The three-dimensional path

在不同的高度都能感受到湿地空间的原始美。尊重自然是本设计的目标，保证植物优先的后海内湖新湿地体验原则，使人与自然保持一定的距离。空间内部的道路只用本地的木材搭建。

随机网络 Stochastic network

自然随机网络 Natural random networks

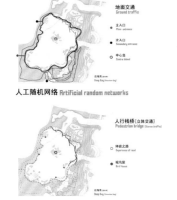

地面交通　Ground traffic
主入口　Main entrance
次入口　Secondary entrance
中心岛　Centre Island

人工随机网络 Artificial random networks

人行栈桥【立体交通】Pedestrian bridge
体验之路　Experience of road
鸟屋　Bird House

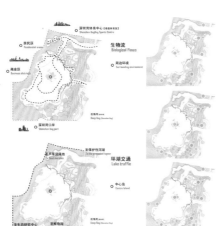

植物修复 Vegetation restoation

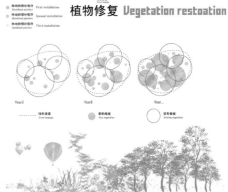

选用所在地理区域的沉水、挺水、浮水、季节性湿地植物、湿地被植物、沼泽植物和水乔灌木。如红树林、芦苇、荷花、香蒲、芦竹等等。

学校：深圳大学艺术设计学院艺术设计系   指导老师：许慧   学生：李建闯

城市共生 URBAN SYMBIOSIS
——寻找深圳，一场关于城市与我的追问—— FINDING SHENZHEN,A QUESTION ON CITY AND SELF

作者：李建闯   指导老师：许慧   学校：深圳大学

3

空间渗透 Space permeability

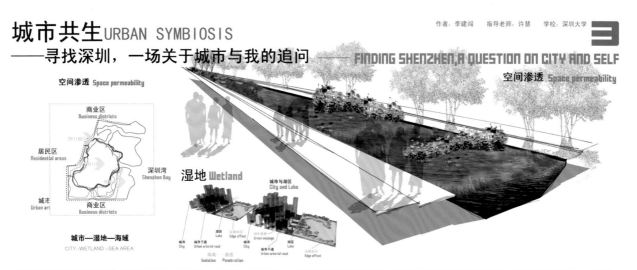

湿地具有重要的生态与环境功能，可以改善气候、抵御洪水、调节径流、控制污染、为珍稀与濒危动植物提供栖息地、为人类提供多种资源与美化环境等，被誉为"地球之肾"、"生命的摇篮"、"物种的基因库"、"天然水库"和"鸟类的乐园"。

本构想是将深圳湾后海内湖湿地的修建作为人在景观中生态体验的一部分，行为导向的植物修复和水体功能景观设计具有动态的特征，因而是一种控制时间的过程：系统连接性的改造——从隔离到渗透，以灵活的方式构建出的一种多层级别的城市设施；作为一种多尺度途径，整合了城市中的微观尺度和区域尺度；有毒和污染物能够发生可见的转变，通过景观的动态媒介给人以新的感官体验；可以支持投科教和诠释的景观；整合排水和下水道处理网络，为新的城市"绿色"基础设施创造框架，并能够重新连接城市现有的城市肌理。

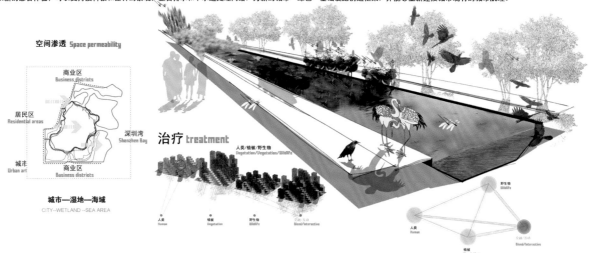

长期以来，后海内湖——半人工湿地生态系统给植物的修复和野生物的生存都提供了机会，变化和成长着的植物群落被分级，净化过程的每一级都可以转化成为一种特殊的景观地貌，为城市形式和绿色、低碳城市基础设施发展出一个框架，而绿色、低碳城市基础设施同时又可以成为一种体验式景观，让生活在都市的人们在精神上得以满足，并被人们赋予情感上的意义，同时并给野生物营造了一个好的生存空间，从而让城市达成和谐共生的目的。

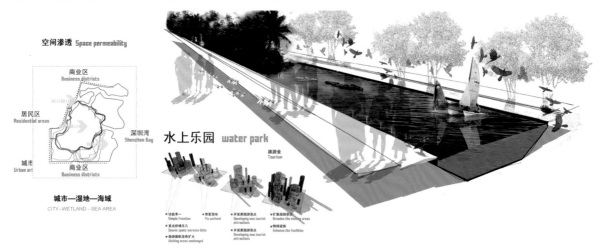

水作为景观重要的自然元素，与人们的生活息息相关，本设计针对各个年龄层次的人，探寻水可以提供的各种娱乐方式，开发出水的各种不同的用途，希望它能激发人们的灵感和热情，丰富现代人们的精神生活，并为人们提供一个记忆的载体。内在的情趣是靠自由、随意的网格形式和城市渗透双重性来营造的一种消解了都市固有几何关系的自然观感，但仍具有严格的逻辑性。

学校：深圳大学艺术设计学院艺术设计系　　指导老师：许慧　　学生：李建闯

城市共生 URBAN SYMBIOSIS
——寻找深圳，一场关于城市与我的追问—— FINDING SHENZHEN, A QUESTION ON CITY AND SELF

作者：李建闯　　指导老师：许慧　　学校：深圳大学

渗透 Penetration

地下渗透 Underground permeability

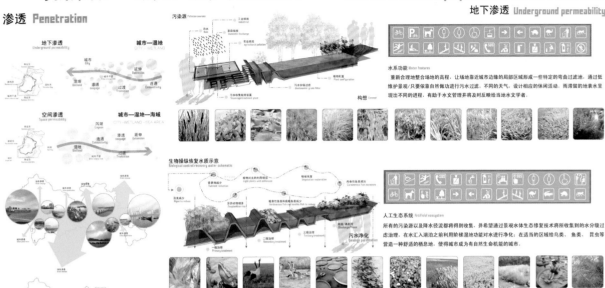

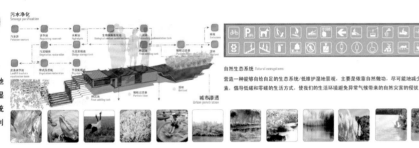

水系功能 Water features

重新合理地整合场地的高程，让场地靠近城市边缘的局部区域形成一些特定的弯曲过滤池，通过低维护景观/只要依靠自然做功进行污水过滤。不同的天气，设计相应的休闲活动。雨滞留的地表水呈现出不同的进程，有助于水文管理并将及时反映给当地水文学者。

人工生态系统 Artificial ecosystem

所有的污染源以及降水径流都将得到收集，并希望通过水体生态修复技术将所收集到的水分级过滤治理，在水汇入湖治之前利用阶梯湿地功能对水进行净化；在适当的区域给鸟类、鱼类、昆虫等营造一种舒适的栖息地，使得城市成为有自然生命机能的城市。

自然生态系统 Natural ecosystem

营造一种能够自给自足的生态系统/低维护湿地景观，主要是依靠自然做功，尽可能地减少人为的因素，倡导低碳和零碳的生活方式，使我们的生活环境避免异常气候带来的自然灾害的侵扰。

深圳市经济的快速发展以及城市化的发展对土地的需求增加，是导致海岸带湿地被占用，海岸带湿地面积减少的根本原因，也是导致湿地生态系统受损的根本因素。因此解决城市滨水区土地的利用与修复湿地生态系统等问题已迫在眉睫。

本文通过研究深圳经济特区近百年来海岸带湿地景观的生态价值，从景观生态学的角度对基地进行湿地生态系统的恢复，通过对场地的合理规划与设计使其形成具有自我调节功能的生态栖息地。为了让城市达成和谐共生的目的，用源与汇、随机网络以及渗透的设计手法将交通系统与部分功能设施相连，将大部分空间还回给自然，创建一个以湿地景观为主体，集生态、科普、休闲等功能于一体的人工湿地公园。

学校：清华大学美术学院　　指导老师：崔笑声　梁雯　　学生：周旭

STOREY CITY 城市交通与城市空间有机更新构想
NORTH PART OF EAST 2ND RING CITY RENOVATION

清华大学美术学院 指导教师：崔笑声\梁雯　学生：周旭
DEPARTMENT OF ENVIROMENTAL ART ,ACADEMY OF ART&DESIGN ,TSINGHUA UNIVERSITY

随着城市规模的扩大，需要更有效率的交通系统将城市的各个部分连接起来。这里说到的更有效率的交通系统，同时包含了对速度和通过量的需求。城市快速路就是这种需求下的产物。由于速度和交通方式的重大改变，这个城市快速交通产生的过程可以视为城市交通网格的更新过程。但是城市快速路在发挥连接作用的同时，形成了新的边界，造成了许多消极的空间现象。同时以其固有的消极因素（例如噪音和空气污染）冲击着快速路周边的人居环境。

As a city expands, more efficient communication system is needed to bridge each parts of it. The communication system includes both the need of speed and quantity. City expressway is the answer to that need. Since the speed and travel methods of people have extremely changed, the development of high speed city communication could be regarded as some update of communication network. However, although city expressways sewed urban areas together, they also created new boundaries and eroded residential area nearby with their negative power such as noise and air pollution.

我們被困在自己用機器製造的公路旁邊
WE ARE TRAPPED IN THE ROADSIDE WORKINGS OF OUR OWN MACHINERY

长久以来，我们的城市营造工作都集中在道路划定好的区域内进行
为什么不让二者有机结合起来，让城市空间成为设计真正的主导呢？

背景 BACKGROUND ■北京的城市生长与交通网格更新

北京的城市生长：1950-1980 年建设用地变迁

由北京 1950-1980 年城市建设用地变迁可以看出，城市的增长基本上是同心圆的增长模式，城市中心区通过自身的规模扩大来完成增长，城市快速交通网格叠加与原有城市网格之上，二环路最为典型（原有城墙的位置），原有城市边缘转变为城市中心区，城市快速路穿过这些区域。

问题与目标 BACKGROUND ■交通网格更新所产生的城市空间现象

A：对步行网格的冲击

对步行网格的冲击：被道路分割挤压在缝隙当中主路两侧的步行网格的连接形式为过街天桥和人行横道。

Current situation of pedestrian network: it is squeezed by the road in a gap. The connecting methods of pedestrian network across the main vehicle path are overpass and crosswalk.

B：对公共空间的分割

对公共空间的分割：公共空间被道路网格圈定在地块内，与其他地块缺乏联系。

Current situation of public spaces: they're limited by vehicle path network in certain plot and lack connection with surrounding area.

C：造成城市离散空间

造成城市离散空间：绿岛被道路围绕，与城市其他部分相互分离成为离散空间。

Current situation of dispersed plots: the greens are surrounded by roads and isolated from other parts of the city.

■设计目标

A：重构步行网格

概念步行网格：不被线性道路所阻隔，更自由，弱化方向感，优化行进体验

Conceptual pedestrian network: it wouldn't be obstructed by linear roads but freer with less drectivity and majorized walking experience.

B：连接被割裂的城市空间

概念城市空间：城市道路与城市空间有机结合，而不是粗暴的划分。

Conceptual urban space: the roads and the city combine organically instead of dividing the city roughly.

C：整合离散空间

概念城市空间：创造离散地块与城市其他部分相互联系的机遇

Create opportunities for the connection between dispersed plots and other parts of the city

学校：清华大学美术学院　　指导老师：崔笑声　梁雯　　学生：周旭

设计策略
STRATEGY
■概念：storey city 分层的城市

现状

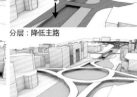
分层：降低主路

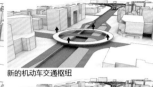
新的机动车交通枢纽

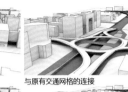
与原有交通网格的连接

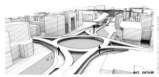
连接离散空间

重构城市空间：快速交通降入地下，城市空间得以重构

横向节点：由于公交枢纽基面位于地下约2m，因此可构建由主路直达交通枢纽的横向节点

竖向节点：必要的速度转换节点

细分速度层级：自行车相对步行也是较快的速度，为保证东直门区域的公共空间完整性，因此考虑将这一速度层级再次分层

新增功能：城市交通与建筑的有机结合，新增建筑可为周边提供细化的辅助功能

架空层新增功能：新增功能可直接延伸至架空层

保护性手段：为提升公共空间的品质，在必要的节点提供保护性措施，削弱消极影响。

概念组件
CONCEPT : storey

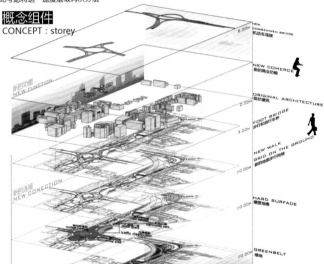

■架空层
架空层剥离了细分的速度层级。保证重要区域公共空间的完整性。
提供了步行网格的新的可能性。
新增建筑功能可延伸至架空层。

■地面层
通过城市快速交通的有机更新，地面层的机动车交通点状分布而不再是线性分割。
由于剥离了机动车交通的速度层级，公共空间被复活在地面层，同时增强了连接性。
产生了新的公共空间和可停留的绿地。
公共空间按照现状邻里关系疏离功能的层级。
更新后，步行网格得以重构在地面层。
新增的建筑可为周边区域提供辅助性功能。

■地下层
地下层汇集了地下轨道交通和机动车快速交通。
跌铁站、横向节点和垂直节点构成速度转换的节点要素。
地面层的楼梯空构成了地下机动车交通路径的景观节点。

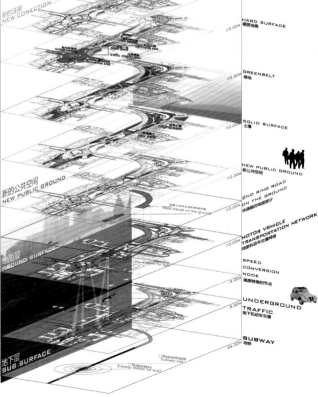

学校：清华大学美术学院　　指导老师：崔笑声　梁雯　　学生：周旭

平面 + 剖面
SITE PLAN+SECTION

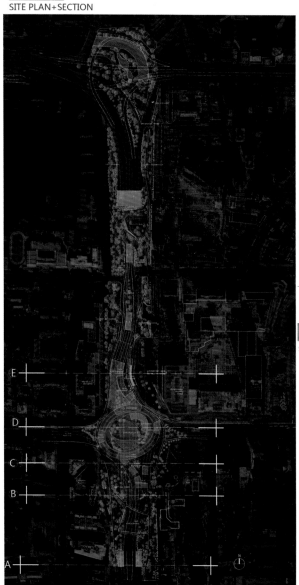

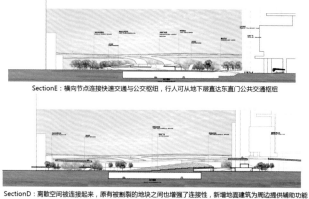

SectionE：横向节点连接快速交通与公交枢纽，行人可从地下层直达东直门公共交通枢纽

SectionD：离散空间被连接起来，原有被割裂的地块之间也增强了连接性，新增地面建筑为周边提供辅助功能

SectionC：机动车交通从地面层剥离开，公共空间得以在地面层重构。由于提供了必要的保护，桥下形成的新的商业空间的环境品质因此提高，东西向桥下空间用作自行车停车场以整顿自行车停车混乱现状

SectionB：垂直节点以步行速度连接地下交通与地面层，行人可从地下交通层级直达地面层

SectionA：机动车交通与原有交通网格的连接，连接直行的地下主路和架空的新的机动车交通枢纽

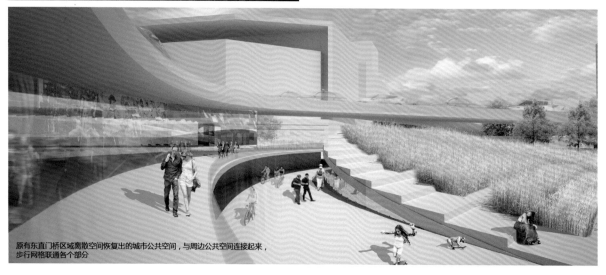

原有东直门桥区域离散空间恢复出的城市公共空间，与周边公共空间连接起来，
步行网格联通各个部分

学校：同济大学建筑与城市规划学院建筑系　　指导老师：黄一如　姚栋　谭峥　　学生：赵剑男　吴静　谭子龙　岳伟龙　李木子　武筠松

自然的维度——亚洲垂直城市设计

同济大学建筑与城市规划学院建筑系
指导教师：黄一如 姚栋 谭峥
小组成员：李木子 岳伟龙 谭子龙 武筠松 吴静 赵剑男

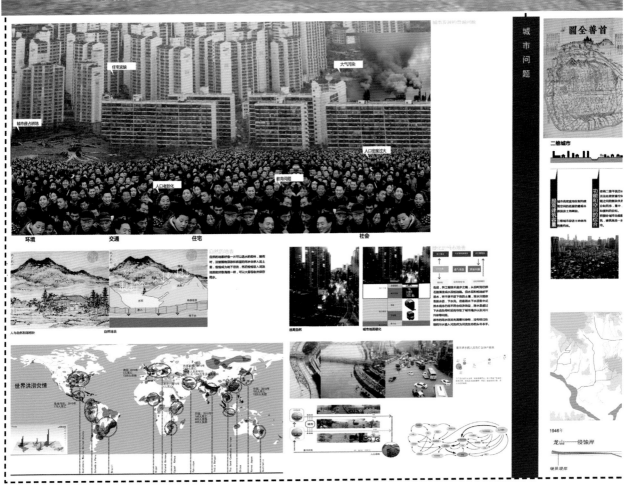

中国环境设计学年奖

学校：同济大学建筑与城市规划学院建筑系　　指导老师：黄一如　姚栋　谭峥　　学生：赵剑男　吴静　谭子龙　岳伟龙　李木子　武筠松

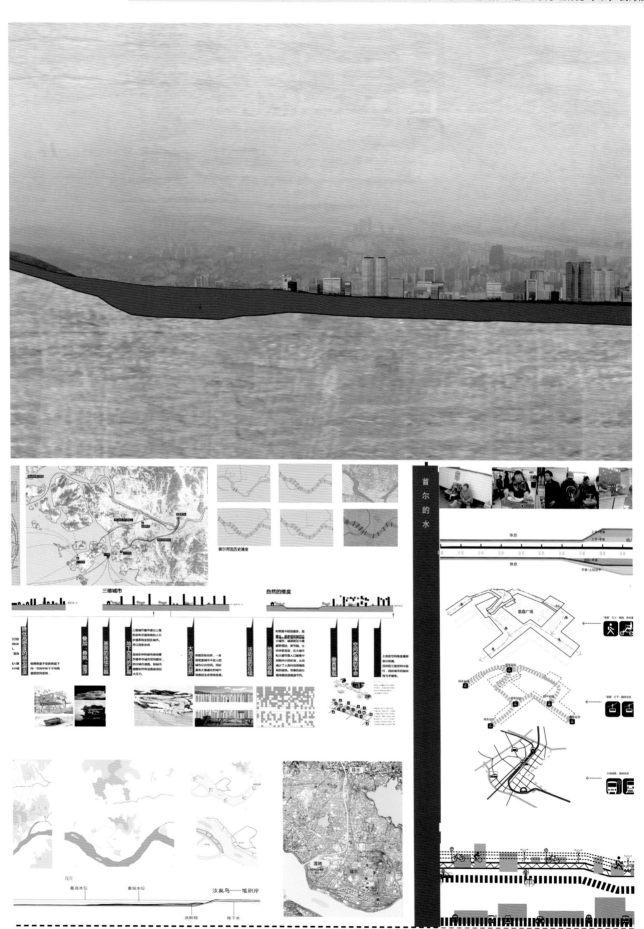

学校：同济大学建筑与城市规划学院建筑系　指导老师：黄一如　姚栋　谭峥　学生：赵剑男 吴静 谭子龙 岳伟龙 李木子 武筠松

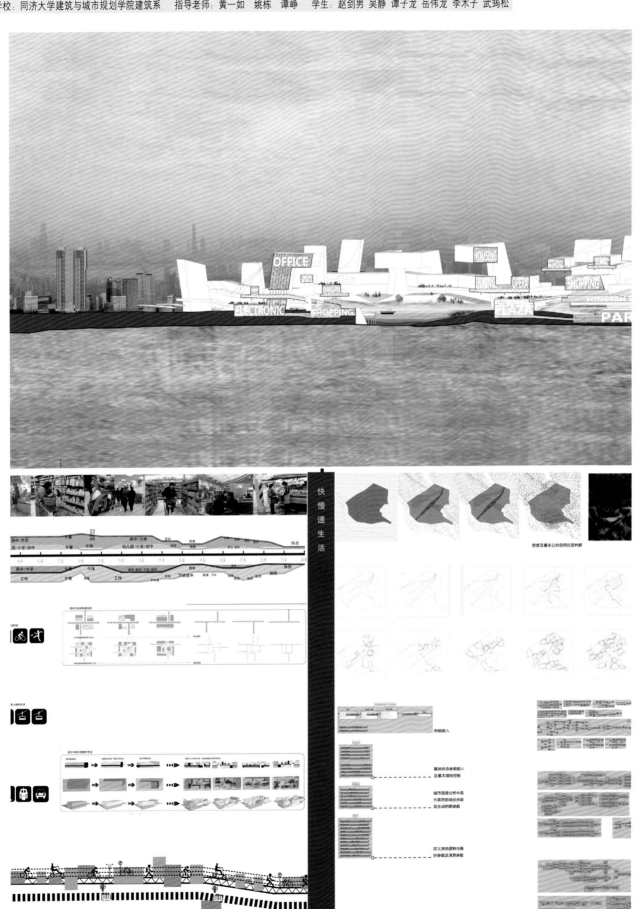

中国环境设计学年奖

学校：四川美术学院设计艺术学院环境艺术系　指导老师：张新友　龙国跃　学生：王晗　杜欣波　黄婷玉　莎日娜

重构 生命体
——重庆钢铁厂改造　Reconstruction Organism

区位及背景：

重庆大渡口区位于重庆市大渡口区主干道钢花路以东、沿重钢辐射出过的长江江滨数公里。横跨十里钢城。

理念结构分述：

工艺流程

理念阐述

生命重构

历史价值

艺术价值

技术价值

经济价值

设计基地总概况

① 入口广场
② 焦化艺术工作室
③ 观光烟囱平台
④ 焦化厂展示体验区
⑤ 重钢展览馆
⑥ 中心广场
⑦ 残留断壁生态区
⑧ 灌溉种植区
⑨ 守望者生态休闲区
⑩ 停车场
⑪ 堆料场生态保留区
⑫ 铁路生态景观长廊
⑬ 交通大枢纽
⑭ 滨江生态休闲观景区
⑮ 滨江湾岸休闲步道

管道 Pipeline distribution
传送带 Conveyor belt distribution
快速通道 Fast channel
主干道 Trunk road
园路步道 Garden road trails
交通站点 Traffic site

学校：四川美术学院设计艺术学院环境艺术系　　指导老师：张新友　龙国跃　　学生：王晗　杜欣波　黄婷玉　莎日娜

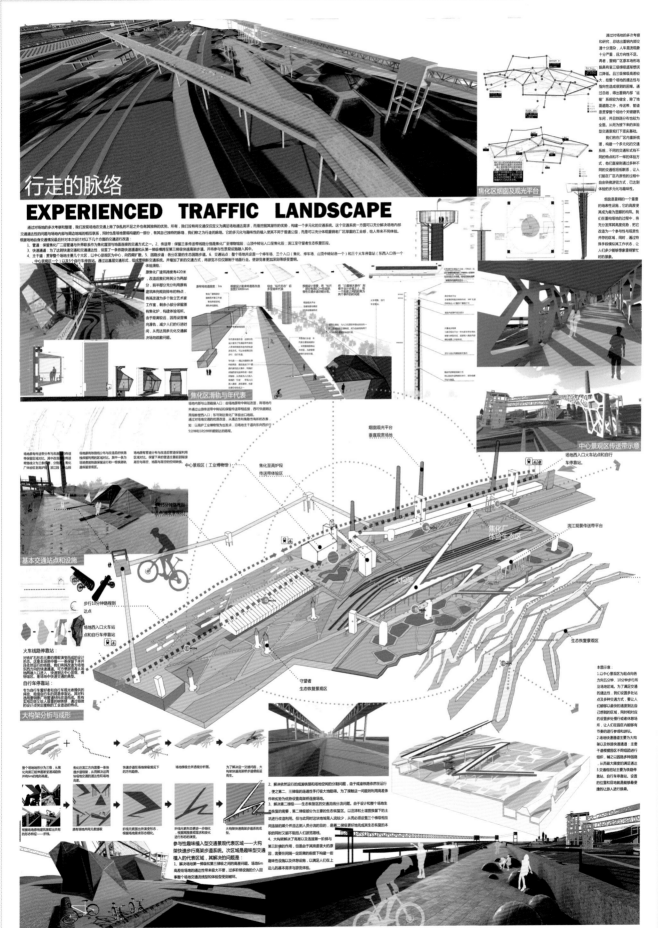

行走的脉络
EXPERIENCED TRAFFIC LANDSCAPE

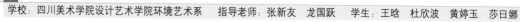

中国环境设计学年奖

学校：四川美术学院设计艺术学院环境艺术系　　指导老师：张新友　龙国跃　　学生：王晗　杜欣波　黄婷玉　莎日娜

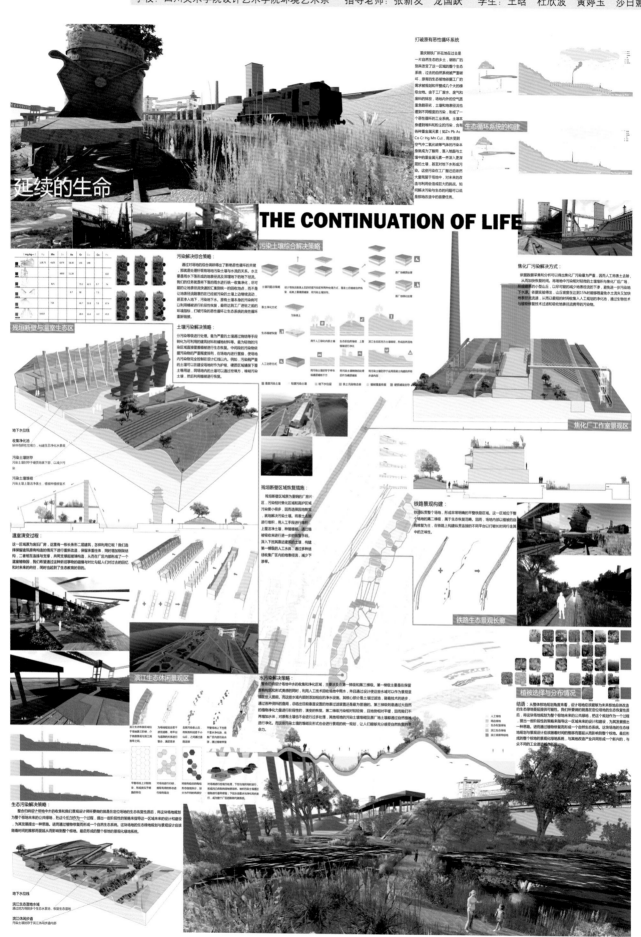

学校：北京建筑工程学院建筑学院　　指导老师：张忠国　丁奇　苏毅　　学生：王玄羽　白璐

苏州 · 南门 · 都市生态流
URBAN ECOLOGICAL FLOWS
苏州苏纶场及周边地区城市设计
The urban design of Sulunchang and the surrounding areas

1

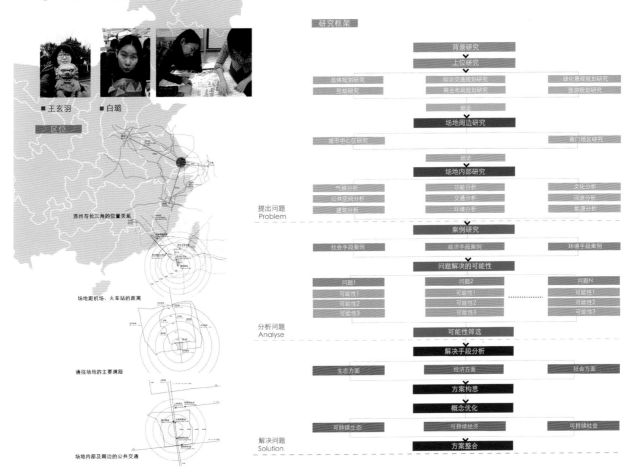

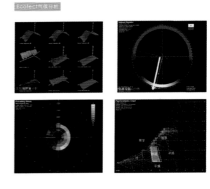

学校：北京建筑工程学院建筑学院　　指导老师：张忠国　丁奇　苏毅　　学生：王玄羽　白璐

苏州 · 南门 · **都市生态流**
URBAN ECOLOGICAL FLOWS

苏州苏纶场及周边地区城市设计
The urban design of Sulunchang and the surrounding areas

4

方案

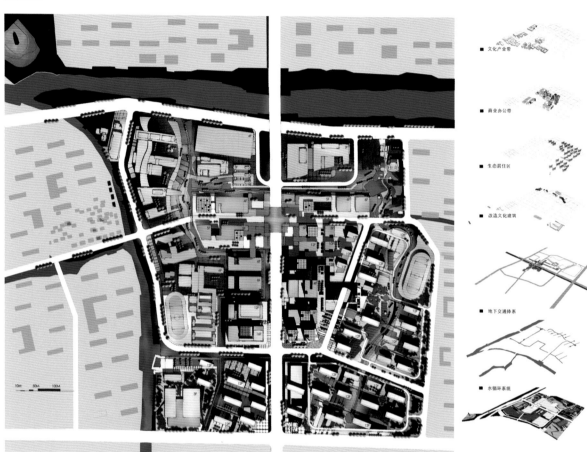

- 文化产业带
- 商业办公带
- 生态居住区
- 改造文化建筑
- 地下交通体系
- 水循环系统

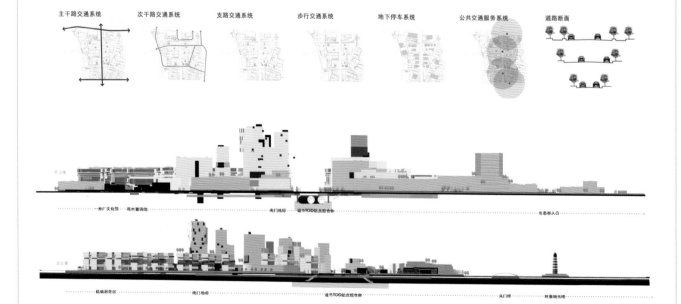

主干路交通系统　次干路交通系统　支路交通系统　步行交通系统　地下停车系统　公共交通服务系统　道路断面

学校：四川美术学院设计艺术学院环境艺术系　　指导老师：潘召南　　学生：董璟　朱晶晶

城市慢性系统景观——废旧铁路改造

设计构思

1.绿色基础设施：对该区域环境、地形以及水系统进行调查之后，我们认为可以将这条铁路建设成为城市慢行生态走廊，因为铁路沿江而行，有很好的视觉观赏、开阔的视野，铁路与周边地形垂直，能有效拉载、蓄水、过滤泊线污水，优化水生态环境。

2.场地联通性：提高原有相互被阻隔的社区之间的参透性、连接性和安全性。自然界的连通性则是通过从铁路旁绿化乃至到沿江景观组带额实现。

3.发掘原有结构及材料的利用：在铁路慢行系统的修复和改造过程中，我们尽可能重新利用原本废弃不用的铁路设施，保留轨道和结构，综合在新的绿色慢行设施中

银杏　　红枫　　法国梧桐　　樱花树　　马褂木　　广玉兰　　菊花　　千屈菜　　黄花鸢尾　　芦苇　　迎春　　花叶水葱

学校：东北大学艺术学院艺术设计系　　指导老师：鲍春　　学生：周扬

北京天桥民俗艺术文化园景观设计

体验空间

LANDSCAPE DESIGN OF THE BEIJING TIANQIAO FOLK ART AND CULTURAL PARK

A1－2

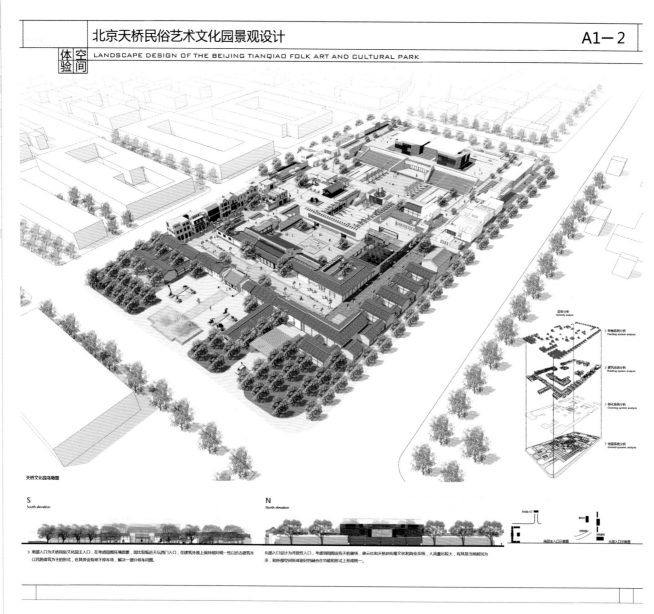

天桥文化园鸟瞰图

S
South elevation

N
North elevation

> 南部入口为天桥民俗文化园主入口，在考虑园围环境设置，因比较临近天坛西门入口，在建筑外观上保持相统一性以仿古建筑为以民居建筑为主的形式，在其旁设有地下停车场，解决一部分停车问题。

> 北部入口设计为开放性入口，考虑御回面设有天桥牌场，禄云社和天桥斜街等文化和商业系统，人流量比较大，有其是当地居民为多，和外部空间形成较好的融合在功能和形式上形成统一。

> 入口廊架 牌坊门 "由得金属柱子有序排列，立面上形成 "凸" 字结构而简 "凸的外轮廊，即是最佳保护，增护，控制的德思，进一步的体现天桥村俗文化因对保护就的德思。"牌坊门 "由国代金属林构成，德硬的力，中间扩于高出围内，更是寓意着天桥未来美好的憧憬，由于图片上到出井额树林材，所已即名 "牌坊门"

主入口效果图

> 入口广场内还有 "天桥八怪" 雕塑，"天桥八怪" 并不是真正意义上的八个人，而是不同每个时期代表人物，广场周围设有商业饮店，游客可以建此地休憩够外此改变。

入口广场作为客人进和入供调的场所，南广场暗署 "牌坊厅" 利用旧空间上的业过，材质上为现代金属置，异形如廊厚的材门，新的林搭，告似行号，现代风的维柱创造而就村文化的过往，为维在外创想恢了动态的氛围。

学校：苏州大学艺术学院环境艺术设计系　　指导老师：王泽猛　　学生：宋晓楠

苏州民居生活体验区
——苏州市平江路胡厢使巷一段沿街改造
3

THE CONSERVATION AND REVIVAL

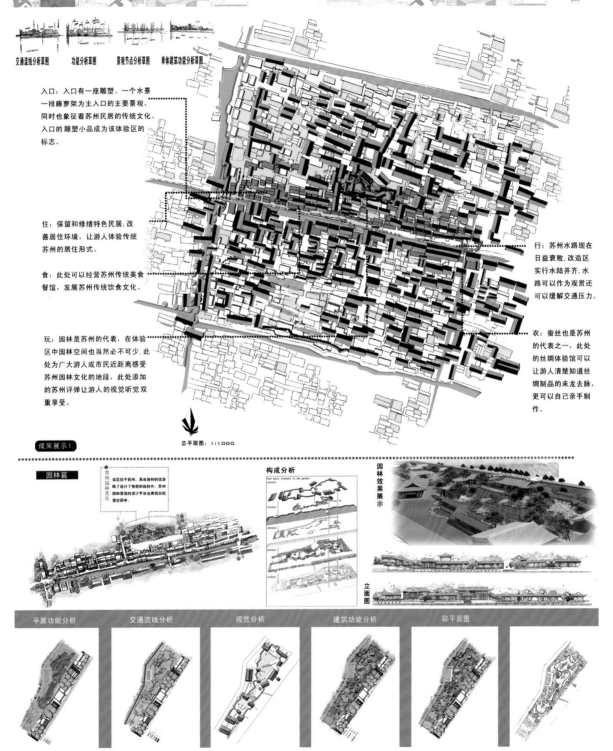

交通流线分析草图　　功能分析草图　　景观节点分析草图　　单体建筑功能分析草图

入口：入口有一座雕塑、一个水景一排藤萝架为主入口的主要景观，同时也象征着苏州民居的传统文化。入口的雕塑小品成为该体验区的标志。

住：保留和修缮特色民居，改善居住环境，让游人体验传统苏州的居住形式。

食：此处可以经营苏州传统美食餐馆，发展苏州传统饮食文化。

玩：园林是苏州的代表，在体验区中园林空间也当然必不可少，此处为广大游人或市民近距离感受苏州园林文化的地段，此处添加的苏州评弹让游人的视觉听觉双重享受。

行：苏州水路现在日益衰败，改造区实行水陆并齐，水路可以作为观赏还可以缓解交通压力。

衣：蚕丝也是苏州的代表之一，此处的丝绸体验馆可以让游人清楚知道丝绸制品的来龙去脉，更可以自己亲手制作。

成果展示1

总平面图：1:1000

园林篇

构成分析

园林效果展示

立面图

平面功能分析　　交通流线分析　　视觉分析　　建筑功能分析　　彩平面图

点评：该作品基于对苏州历史街区——平江路区域的胡厢使巷的城市改造和提升项目，设计者将"慢生活"、"慢城市"的时尚理念融入到设计过程中去。从作品中可以看出设计者对历史及地域文化的尊重和理解，并且在此基础上通过对重要节点的设计达到整体提升的效果，不失为旧城区改造的先进理念。另外作品还大量采用了手绘图纸的表现方式也是值得提倡和鼓励的。

学校：复旦大学上海视觉艺术学院　　指导老师：王彦　　学生：卢艺铭

"落木"——贵州镇远古城社区中心设计

模型图

学校：深圳大学艺术设计学院艺术设计系　　指导老师：蔡强　　学生：张启泉　陈东海

北京市宋莊畫家村改造設計

BEIJING SONGZHUANG ARTISTS VILLAGE RECONSTRUCTION DESIGN

小堡之印 xiaopu Art center

小堡艺术中心是小堡的中心建筑，在小堡村内没有正式的和大型的艺术展馆，都是以小型的私人画廊为主，而作为一个艺术区，正规的艺术展馆是必不可少的一部分。

该设计以小堡艺术为主题，主要运用了中国传统的篆刻艺术为设计元素，将"小堡"字体通过变形、切割、位移的方式组成小堡艺术中心建筑的形态。让人感觉仿佛一个巨大的小堡印章坐落在小堡村内，是一个艺术的圣地。主要的功能是大型艺术品展出，艺术家交流与探讨场所，新作品的发布场所。

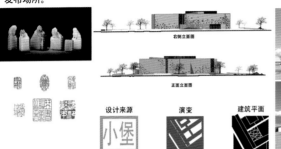

右侧立面图

正面立面图

设计来源　演变　建筑平面

小堡

创意书吧 Creative books

该设计主要为了让当地居民理解艺术，读懂艺术提供一个读书论的场所和为艺术家创作提供书籍资料。在这里艺术家和居民可以零距离的接触、探讨、感受。

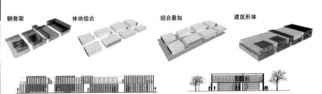

铜骨架　体块组合　组合叠加　建筑形体

青年旅舍 Youth hostel

以"安全、经济、卫生、隐私、环保"为特点，为年轻人提供经济旅游，同时也向人们展示一种健康，回归自然的生活方式。这种生活方式有利于改善生活在城市里的孩子们的心理和生理健康水平，也教给青年人朴素、自律和关心他人的美德。宗旨在于提高对年轻人的教育，鼓励他们更多地了解、热爱和关心郊野，以及欣赏世界各地的城市和乡村的文化。为了促进小堡的艺术开放性，让世界各地年轻人感受小堡浓厚的艺术氛围，青年旅舍是不可少的一部分。

该设计以中国画"高山流水"的"流水"为设计元素，通过体块的屏贴、叠加，形成流水的柔性曲线形体。外表是中式的木架构框架，是中式传统元素现代化的表现。

体块

木架构

建筑单体

单体组合

建筑分层分析

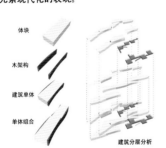

创意市集 Creativity fair

创意集市是在特定场地展示、售卖个人原创手工作品和收藏品的文化艺术活动。它的主要特点是，参与门槛相对较低，更接近是一个平民艺术舞台；在许多城市，创意集市已成为城市艺术家在小堡进行生活与创作。是最为草根、新锐的街头时尚的发源地，也是众多才华横溢的原创艺术家与设计师的事业起点。许多最具天分的人在集市中被发掘出来，建立起自己的时尚品牌。

该建筑临近青年旅舍，与旅舍有很大的呼应关系，因此设计是采用中国画"高山流水"的"高山"与青年旅舍的"流水"很好地有机结合起来。建筑通过仿生的设计手法将山体的高低起伏轮廓美感，赋予建筑的天际线起伏错落的动态美感。

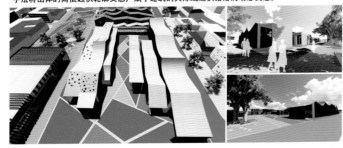
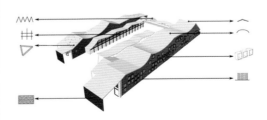

点评：本设计方案主要是通过改造宋庄画家村来实现一个新型的艺术原创基地模式，其中包括：艺术中心、青年旅舍、创意市集、创意书吧、艺术广场等各种公共设施。设计以四合院群落建筑为主体模式，并对传统四合院做了分解和重组。用网格符号置换原有的破损建筑，恢复原有的建筑院落形态的完整统一。将曲面空间和大尺度的展示区嵌入院落之中，用传统篆刻艺术元素，形成集艺术创作及展示交流的业态，用大型艺术品展出、新品发布和艺术讨论形式，建立了宋庄平民艺术的特色舞台，展现出画家村的艺术亮点和魅力。

学校：西安建筑科技大学艺术学院　　指导老师：吕小辉　杨豪中　　学生：牛宇轩　李雪芝　王墨非　姜艺晖

室内设计

学校：宁波大学科学技术学院设计艺术学院艺术设计系　　指导老师：籍颖　崔恒　　学生：蔡力力

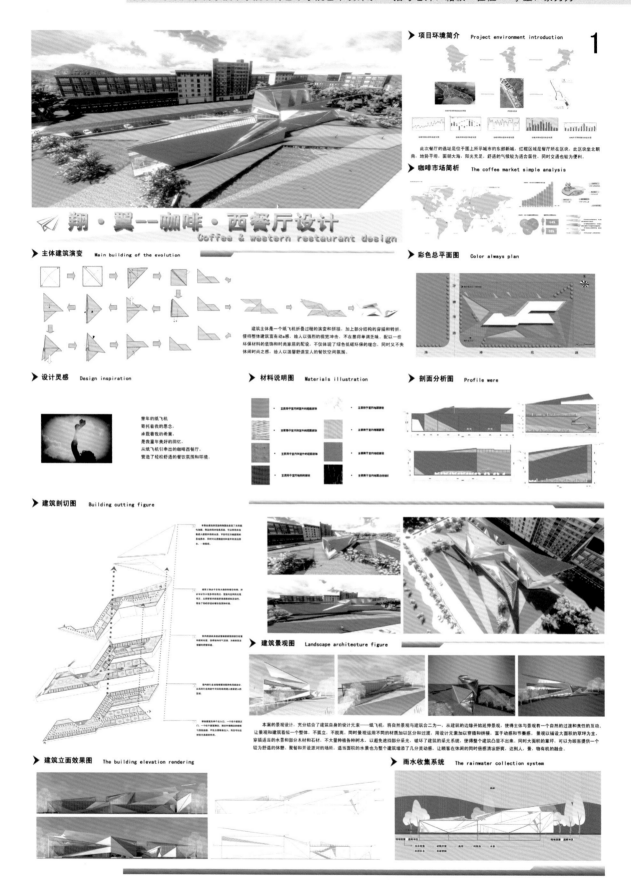

点评：本设计方案采用了中国传统折纸的设计手法，把折纸的过程演变为空间变化的过程。平面功能划分科学、合理，非常符合现代餐饮空间的特色与品质。各个空间部分衔接自然并富有层次，使得人们在室内空间游走的过程中能够感觉到空间的自然贯通和巧妙变化。此作品将室内空间变化诠释得淋漓尽致，充分体现出了空间的自由与张力，非常富有感染力。

翔·翼——咖啡·西餐厅设计

Coffee & western restaurant design

2

▶ 各层平面分析图　Each level were

每个建筑，每个设计，首先必须仔细认真的规划其功能定位。本案建筑整体划分为两层，一层主要分为服务区、表演区、散座区、卡座区、烹饪储藏区、吧台区、小包厢区、盥洗区和经理办公室等等，二层为大包厢区、散座区、卡座区、服务（吧台）区、露台区和盥洗区等等。整体的功能分区，主要沿着建筑的轮廓边缘，结合空间尺寸和建筑内部边缘，通过合理的室内布局，打造一种顾客所追求的舒适的就餐空间和温馨的就餐氛围。在疲倦的时候，可以在这看看风景、喝杯咖啡提提神；抑或坐在柔软的沙发上享受优美的音乐。

▶ 色彩分析　Colour analysis

▶ 建筑立面图　Building elevation

本案的设计风格突出简洁大方，休闲放松为其基调，以简洁的室内设计，温馨的灯光，舒适的家具来营造舒适温馨的就餐空间和氛围，同时注重室内与室外的联系、建筑和景观的联系，使整体环境统一和谐。

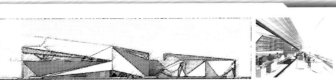

▶ 室内灯光设计图　Building ventilation analysis

▶ 日照分析图　Sunshine were

整体建筑有两个出入口，一个位于建筑正门，一个位于建筑侧边，通过外部侧边的楼梯与顶层连接，不仅方便顾客出入，同时可以起到安全通道的作用。不仅如此，室内的行走动线也是依据功能的布局来划分的，从而在行走的过程中可以轻松的进入自己想要进入的区域。

▶ 餐具展示　Tableware show

▶ 环保简介　Environmental profile

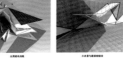

学校：西安科技大学艺术学院环境艺术设计系　　指导老师：陈和琥　　学生：黄星星　任常见

旧厂房改造设计——皮影博物馆

传承 CHUAN CHENG

为什么使用窑洞形式改造建筑

1. 同源—皮影观源自于民间，属非物质文化。

2. 同生—皮影成长于民居环境最早在窑洞内表演。

3. 同性—为了设计的地域性和文化属性，让皮影在建筑与人的相互保存的外界中卓现的美纯粹。在他成长的环境中区展示给人们。

设计概述 Preliminary Paper

设计元素 design element

背景——旧厂房 Background-old factory building

地理位置

方案环境分析

设计目的及意义 The design purpose and meaning

设计理念 Design concept

设计创意 Creative design

01

点评：将工业厂房建筑进行二次利用改造设计，是一个非常好的课题。这个命题既考察了学生对建筑室内相关功能空间设计的掌控，也考察了学生对环保、可持续发展理念的理解。本案中学生将陕西民居窑洞的建筑语言与旧建筑进行了巧妙的融合。设计成为一所陈列陕西皮影艺术的博物馆。作品中呈现出浓浓的陕西民居建筑和民间艺术文化，是一件非常成功的旧建筑改造设计作品。

学校：西安科技大学艺术学院环境艺术设计系　　指导老师：陈和琥　　学生：黄星星　任常见

旧厂房改造设计——皮影博物馆

传承 CHUAN CHENG

贵宾接待室效果图

演艺厅效果图　　　　休验厅效果图

卫生间效果图

学校：广州美术学院继续教育学院环境艺术设计系　指导老师：李泰山　学生：彭福龙

建筑鸟瞰图：整个空间创新的演绎了广府建筑特点同时体现了岭南文化的简练、朴素、雅淡的风貌；简化提取之后得到龙的建筑造型则凸显了独特的个性形象。

龙之院
粤菜馆—发现生活的真谛、以食为天、抛离压力、享受艺术、品味生活。　设计：彭福龙　指导老师：李泰山

设计起因 / DESIGN CAUSE

随着社会的发展人们对生存环境要求越来越高，不再停留在满足吃饱和有栖身之地的一般生理需求，他们更希望得到精神上的享受，能满足更丰富的更深层次的心理需求,渴望从餐饮的环境中了解不同民族的风俗人情,吸收不同民族的文化内涵,增长见识培养素质和自我完善。基于这点,餐饮空间应该是一个"艺术文化的殿堂"因此命名了《龙之院》对餐饮空间展开了探索......

问题思考

1.新餐饮将如何在当前商业连锁泛滥、空间局限、缺少特色现状中脱颖而出？　2.新餐饮如何在空间中体现出文化意境的氛围？
3.个性形象成为多元化建筑时代追求的核心，新餐饮将如何打造独特的个性形象？

地理环境 / GEOGRAPHICAL ENVIRONMENT

地理概况

项目选在广州珠江新城海心沙旁边的停车场，面积约2万平方米，则本案建立在其中。珠江新城一是21世纪广州中央商务CBD的重要组成部分，将继续筹布局国际金融、贸易、商业、文娱和行政等多种功能成为推动国际经济、文化交流与合作的基地是集中体现广州国际性城市形象的"窗口"。

周围交通系统

公路系统：前面就是临江大道,而临江大道贯穿着广州大道中、华穗路及路洗村路。
轨道系统：周边有地铁5号线、3号线和APM线在地下贯穿，分别有珠江新城站、花城大道站、歌剧院站、海心沙站。
公交系统：周边有广州歌剧院西门站、华穗路站、市政务服务中心站。

周围环境一 ：碧海湾小区/ ：信合大厦/ ：广州歌剧院/ ：海心沙广场/广东身体育中心/ ：停车场

小结

本案选址是在广州市形象窗口经济极端繁华的珠江新城，地理位置优越,周围环境优美，交通方便,恰好肯定了空间要打造独特个性形象的可行性。

问题思考

1.珠江水：广州母体水系，在居民生活、城市历史文化和河堤功能等各个领域上都有着相当重要的地位和价值意义，怎样在建筑环境上融合地域文化和特点？
2.周围环境：本案选址的周围环境相当高端和优美,怎样在建筑空间设计上很好结合起来,使其变成一个空间的一个特色？

设计定位 / DESIGN POSITIONING

设计主题—解决缺少文化特色的问题

龙文化为主题与岭南文化相结合—龙是一种神异动物，其源于图腾,具有九种动物合而为一之九不像之形象，用其来作为主题非常的有意义和有文化特色，岭南文化是悠久灿烂的中华文化的重要组成部分，是祖国的文化百花园中的一枝奇葩，结合它来点缀空间起到画龙点睛的效果。

功能性质—解决空间局限的问题

综合性餐饮空间，结合周围环境，关注人性和消费者生理、心理的需求，为消费者提供一个开放自由和个性和富有意境的餐饮空间。

消费定位—解决连锁以量来盈利的状况

结合周围环境和空间需求来定为高端消费群：适应人群一企业家、高级商务白领、艺术家、华侨、外籍人士等等......

出品定位—解决缺少血统地域菜系的状况

岭南饮食文化在中国饮食文化中具有极其重要的地位，而"食在广州，味在潮州"这种文化现象，则是岭南饮食文化的集中表现它涵盖了独具特色的粤菜精华、别具一格的岭南饮食风格。

设计风格—解决消费者的心理需求

运用现代设计风格手法,打造一种简洁、清幽、高雅富有文化意境的空间效果，突显古今文化完美的融合。

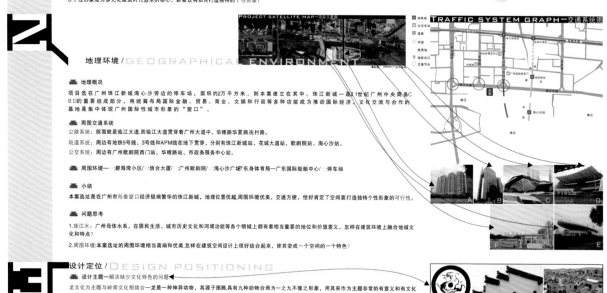

餐饮　休闲　｜　观景　宴会

点评："龙之院"设计定位紧扣亚热带气候环境之粤菜馆功能经营特色，整体空间着意表现传统与现代结合的四合院餐饮功能系统格局。空间创意充分融入龙文化主题概念形象和岭南建筑构成元素符号，建筑与室内流露禅、瑞、闲、雅之珠江水域情调意境。

学校：广州美术学院继续教育学院环境艺术设计系　　指导老师：李泰山　　学生：彭福龙

建筑龙头入口：曲径通幽是艺术上的含蓄，平岗开旷是节奏上的流畅。

概念深化 CONCEPT DEEPENING

1

平面形态的构成和解析

一.提取龙的象征性代表形象，结合传统性建筑四合院向外包围的平面布局形式作为平面规划的依据。

二.保留传统建筑生命线中轴线，以布局中的中心点为核心位置向外界延伸。

三.建筑空间外围结合周围环境采用三面围合布局形式，借助门窗的利用和结合地理环境元素水的运用，让建筑空间达到与地理环境相互和谐的的关系，体现龙文化和谐理念的内涵。

四.建筑内部使用以中心点为核心采用四面围合空间布局形式，体现龙文化本质的向心力、凝聚力和感召力，同时强调龙文化内涵的和谐理念促成餐饮空间人际关系的团结性，获得人与建筑之间的和谐。

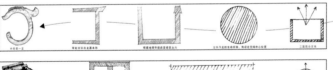

2 建筑形态的构成和解析

一.提取出龙的动态线做为建筑主体空间形态的依据，而龙的动态呈现出来的多为曲线为主。

二.提取和扑捉图腾龙龙头部分的特点为依据，简化和演变之后作为建筑龙头的主入口部分。

三.融合岭南建筑的特点作为整体建筑空间的创作基础，同时延续岭南建筑遮阳、采光、通风的物理功能特点和岭南延续建筑特有的一些功能空间和特色构件如：露台、敞厅、敞廊、斜坡顶和方形柱等等......

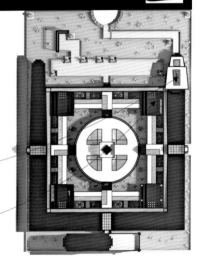
建筑的物理功能

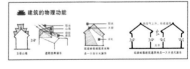
前视图

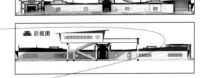
后视图

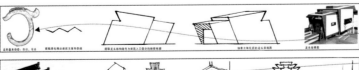

左视图　　　　右视图

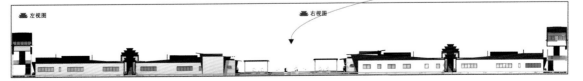

学校：广州美术学院继续教育学院环境艺术设计系　　指导老师：李泰山　　学生：彭福龙

中央敞厅：所乐亦非琴，唯信琵琶与筝能娱我心；空间延续了岭南建筑敞厅的功能，围墙和天花满周窗给室内带来了最大限度的采光。

室内效果演绎 INDOOR EFFECT DEDUCE

接待大堂：空间微妙运用了广府的建筑特点，革新演绎了其特点在室内空间的独特魅力而艳红　　主题意境传达空间一《闲》：质真而素朴，闲静而不噪。
的龙纹立体图案则是给空间带来了画龙点睛的功效。

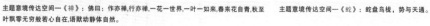

主题意境传达空间一《禅》：佛曰：作亦禅，行亦禅，一花一世界，一叶一如来，春来花自青，秋至　　主题意境传达空间一《蛇》：蛇盘鸟栈，势与天通。
叶飘零无穷般若心自在，语默动静体自然。

学校：江南大学设计学院建筑环艺系　　指导老师：姬琳　　学生：邓红燕

春江·月夜——餐饮室内环境设计

设计：邓红燕　导师：姬琳　江南大学　设计学院　环境艺术设计

MOONLIGHT OVER SPRING RIVER

空间主题的叙事手法设计研究

从姊妹艺术的情绪叙述手法与技巧中抽取出适用于空间情绪表达的内容与元素，使空间设计的手法获得进一步的拓展。

● 艺术形式：音乐

以间接描绘社会生活某一场景或自然景物，形成特有的意境以表现人的感情、意志和内心世界。

● 设计说明：

以《春江花月夜》的意境、氛围营造出悠远、静谧、轻盈、柔和的室内环境，使空间富于情感与生命，在纷繁喧闹生活中给人们提供一个放松心情、亲近自然的情感空间，带来不一样的空间体验。

● 设计主旨：

简约自然，轻松悠远

● 总体氛围：

悠远、静谧、轻盈、柔和的

● 设计元素：山水　花影　渔火　等
● 基本材质：藤编　亚克力　白沙等

INTERIOR 3D IMAGE

悠远　静谧　轻盈　柔和

自然放松

山水　花影　渔火

点评：如何将作者对于其他姊妹艺术作品的感受准确地表达在自己空间设计作品中，是本次设计的目的。《春江花月夜》乐曲所传达的意境，在作品中的呈现并没有依靠复杂和具象的造型语言，而是通过对于空间材质的选择、组合与处理，将乐曲本身所具有的空灵、朦胧与浪漫的特点简洁地表达在空间作品中。

学校：江南大学设计学院建筑环艺系　　指导老师：姬琳　　学生：邓红燕

春江·月夜　餐饮室内环境设计　设计：邓红燕　导师：姬琳　江南大学　设计学院　环境艺术设计

MOONLIGHT OVER SPRING RIVER

渔歌唱晚
花影层叠

功能分区图

流线分析图

效果草图

包厢

过道

INTERIOR 3D IMAGE

学校：吉林艺术学院环境艺术系　　指导老师：陈旭东　　学生：丁兆磊

LOFT办公空间设计

NO.1

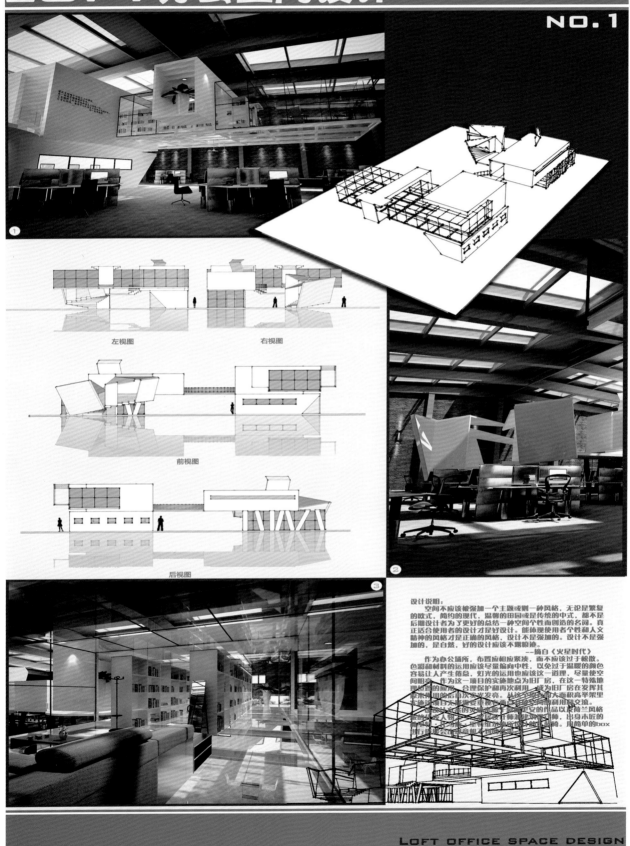

左视图　　　　右视图

前视图

后视图

设计说明：
　　空间不应该被强加一个主题或则一种风格，无论是繁复的欧式、简约的现代、温馨的田园或是传统的中式，都不是后期设计者为了更好的总结一种空间个性而创造的名词。真正适合使用者的设计才是好设计。能体现使用者个性和人文精神的风格才是正确的风格，设计不是强加的。设计不是强加的，是自然，好的设计应该不留痕迹。
　　　　　　　　　　　　　　　　——摘自《火星时代》
　　作为办公场所，布置应相应紧凑，而不应该过于松散。色彩和材料的运用应该尽量偏向中性，以免过于温暖的颜色容易让人产生倦怠，灯光的运用也应该这一道理，尽量使空间明亮。作为这一项目的实施地点为旧厂房，在这一特殊地理位置的原有合理保护和再次利用，或为旧厂房在发挥其未来利用的而再次予以发亮。从大的面积高举架里□□□□□□□□□□□□□□□□□□□利用和交流。□□□□□□□□□□□□□□□□□的作品以米陈兰风格□□□□□□□□□□□□□□□□□，出身木匠的□□□□□□□□□□□□□□□□□。从简单的box

学校：吉林艺术学院环境艺术系　　指导老师：陈旭东　　学生：丁兆磊

LOFT办公空间设计

NO.2

LOFT OFFICE SPACE DESIGN

学校：内蒙古师范大学国际现代设计艺术学院　　指导老师：陈旻　　学生：宋红伟

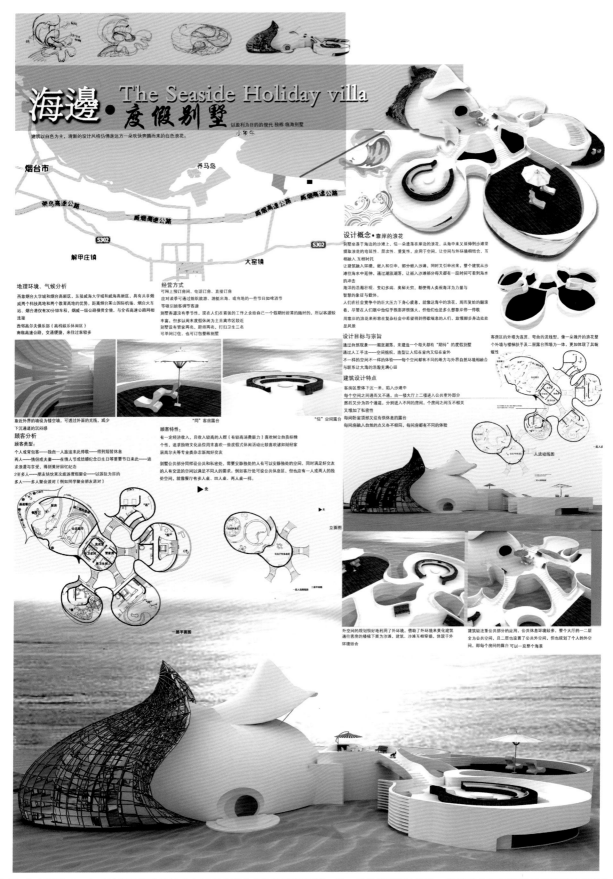

海邊·度假别墅　The Seaside Holiday villa

以盈利为目的的现代·独栋·临海别墅

建筑以白色为主，清新的设计风格仿佛是远方一朵吹快奔腾而来的白色浪花。

点评：作者设计了一个随着潮涨潮落使旅客每天都有期待的海边度假别墅，似一朵浪花遗落在海边。建筑充分利用地形条件和潮汐的变化，结合灵活的空间设计手法使建筑空间和自然环境交相辉映。翻滚的浪花是灵感的来源，提取浪花的蜿蜒性、层次性、重复性应用在空间中，线条流畅一气呵成，浑然天成。

学校：内蒙古师范大学国际现代设计艺术学院　　指导老师：陈旻　　学生：宋红伟

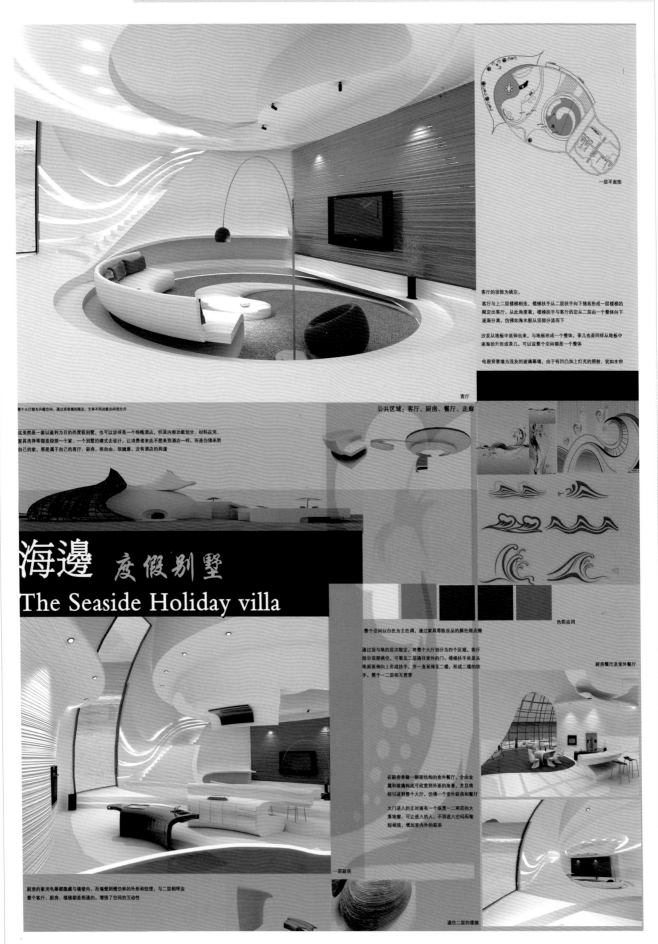

一层平面图

客厅的顶部为挑空。

客厅与上二层楼梯相连，楼梯扶手与二层扶手向下倾斜形成一层楼梯的限定出客厅，从此角度看，楼梯扶手与客厅的定由二层由一个整体向下逐渐分离，仿佛如海水脱从顶部分流而下

沙发从地板中延伸出来，与地板形成一个整体，茶几也是同样从地板中逐渐拍升形成茶几，可以说整个空间部是一个整体

电视背景墙为浅灰的玻璃幕墙，由于有凹凸加上灯光的照射，犹如水帘

客厅

公共区域：客厅、厨房、餐厅、走廊

整个大厅都为开敞空间，通过顶地地的限定，又再对不同功能空间划分并

这虽然是一套以盈利为目的的度假别墅，也可以涉成是一个炼檐酒店，但其内部功能划分、材料应用、家具陈等等是按照一个家、一个别墅的模式去设计，让消费者来此不愿来到酒店一样，而是仿佛来到自己的家，那是属于自己的客厅、厨房、极自由、很随意、没有酒店的拘谨

色彩应用

整个空间以白色为主色调，通过家具等陈设品的颜色做点缀

海邊 度假别墅

The Seaside Holiday villa

通过顶与地的层次限定，将整个大厅划分为四个区域。客厅部分底部挑空，可看见二层通往室外的门，楼梯扶手处是从地面延伸向上形成扶手，并一直延伸至二楼，形成二楼的扶手，整个一二层相互贯穿

厨房餐厅及室外餐厅

在厨房旁做一钢架结构的室外餐厅，全由金属和玻璃构成可欣赏别外面的海景，并且墙经引进到整个大厅，仿佛一个室外厨房和餐厅

大门进入的正对齐有一个纵贯一二两层的大落地窗，可让进入的人，不因进入空间而缩短视线，增加室内外的联系

一层厨房

厨房的家用电器都隐藏与墙壁内，西墙壁与横仿转的外形和纹理，与二层相呼应
整个客厅、厨房、楼梯部是相通的，增强了空间的互动性

通往二层的楼梯

学校：洛阳理工学院　　指导老师：郭江华　　学生：孟远

泰式别墅

泰式别墅

学校：云南大学艺术与设计学院环艺系　　指导老师：李晓燕　　学生：谷婷

生活新报 生活新报办公室办公空间设计

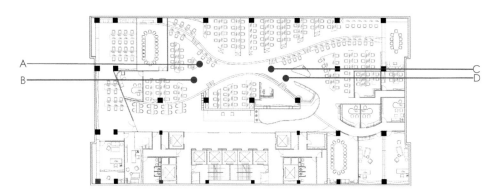

整个空间都是概念的延续，最具特色的就是贯穿整个空间的从地面延续到顶棚的体量，人们走过这条走道时，能看到整个空间的状态，是室内也是室外，是私密也是开放。同时，曲线的运用也让办公空间多了那么一份亲近。部门每天在工作中必须进行对话、沟通、互动和融合，这样的工作模式成为了设计的出发点，此空间以交流为目的，欲增加员工互动的可能性，打破以往更倾向于网络聊天工具的常态，使办公效率最大化，创造一种适合新闻工作者本身状态的工作环境。

SHENG HUO XIN BAO DESIGN

点评：设计作品以一个表现设计概念中心思想"透"的异形三维形态体量贯穿于整个空间中，并通过该体量对空间进行了巧妙的划分，打造了一个全新的、没有束缚的、方便工作交流和沟通的开放办公空间。整个方案室内空间功能分区明确，规划严谨，流线合理、丰富，构思缜密，各设计细节表现全面、深入，是一套比较完整的毕业设计方案。

学校：内蒙古师范大学国际现代设计艺术学院　　指导老师：陈旻　　学生：秦磊

贾科梅蒂纪念馆
GIACOMETTI'S MEMORIAL

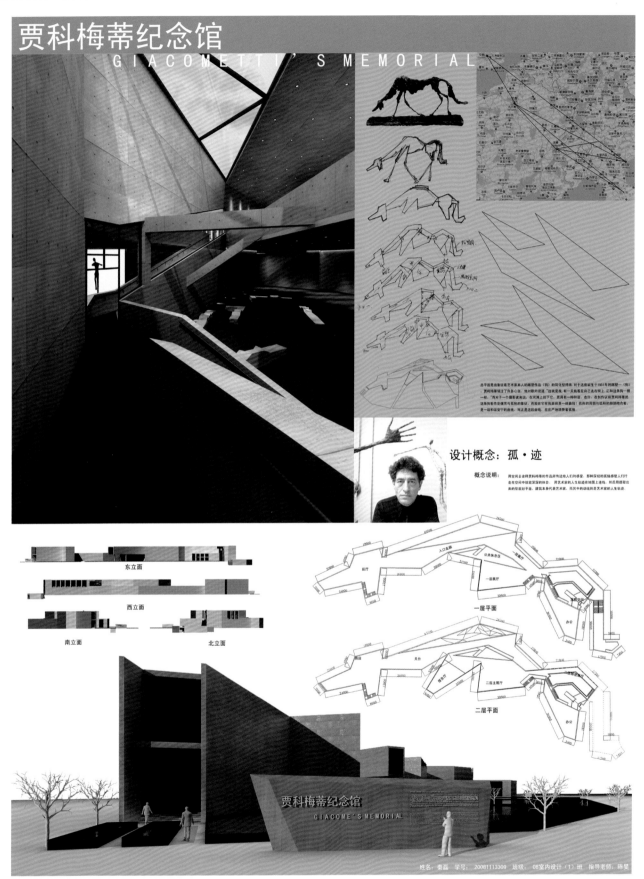

设计概念：孤·迹

概念说明：

东立面

西立面

南立面

北立面

一层平面

二层平面

点评：贾科梅蒂创作出了最为痛彻、孤绝的艺术，为这位二战后最伟大的艺术家做纪念馆是一个挑战，作者敢于迎接挑战。首先是作者十分热爱这位艺术家，其次对艺术家本人及作品进行了深入的了解和透彻的分析，在此基础上借助空间设计语言完整地表达出贾科梅蒂的艺术思想，让行走期间的观者与艺术家达到一种精神上的共鸣，激发出对人生的思考，这是一套具有艺术表现力的设计作品。

学校：仲恺农业工程学院艺术设计学院环境艺术设计系　　指导老师：程轶婷　　学生：郭丽钧

点评： "莲" 主题会所位于上海，定位为高端休闲娱乐性会所，以 "莲" 为主题展现上海这座百年都市所特有的 "纸醉金迷"。这里的 "莲" 并非中国古典文学中 "出淤泥而不染" 的莲花，而是西方神话中代表 "水之女神" 纯洁、妖媚的莲花。

色调上突出了金色的奢华，配以米白色大理石及深色实木，营造了会所厚重典雅的气质。选取金莲花及莲叶造型的灯饰，以及具有工笔味的莲花壁画突出主题，又使整个空间透露出柔美与妖媚的气氛。

点评：家具私人展示馆由一个基本元素展开，运用减法进行雕琢。从外部结构设计到内部空间，无不体现着设计者精妙的设计构思、积极的时代精神以及道家哲学胸怀。设计者在功能主义框架下充分展现了其浪漫的设计理想。

学校：宁波大学科学技术学院设计艺术学院艺术设计系　　指导老师：籍颖　崔恒　　学生：张婷婷

冰融危机——极地体验馆设计

Melting Ice --Polor Museum Design

01

地理位置 Location

世界CO2 The Carbon Dioxide

南极气候 Antarctic Climate

南极大陆地质图 The Antarctic continent geology map

室内功能分布图 Indoor Function Distribution

冰川融化的影响 The Influence Of The Melting Ice

南极臭氧层变化 The South Pole Change The Ozone Layer

室内色彩分析 Indoor Colour Analysis

总平面图 Total Floor Plan

建筑说明 Building

建筑外立面 Building Facade

点评：作为一个令人们在参观过程中能够产生深刻思考的极地体验馆，"时刻与参观者互动"和"引发参观者的思考"始终是该作品创作的主导理念，该设计者能够抓住这个核心的思想来贯通作品整个创作过程，通过这一理念来设计参观者的交通流线和空间变化。以"冰块"作为元素的建筑设计形式与室内空间的紧密结合使得创意表达更加明朗与直接，从而引发了参观者对于全球气候变暖这一问题的关注和深刻思考。

学校：宁波大学科学技术学院设计艺术学院艺术设计系　　指导老师：籍颖　崔恒　　学生：张婷婷

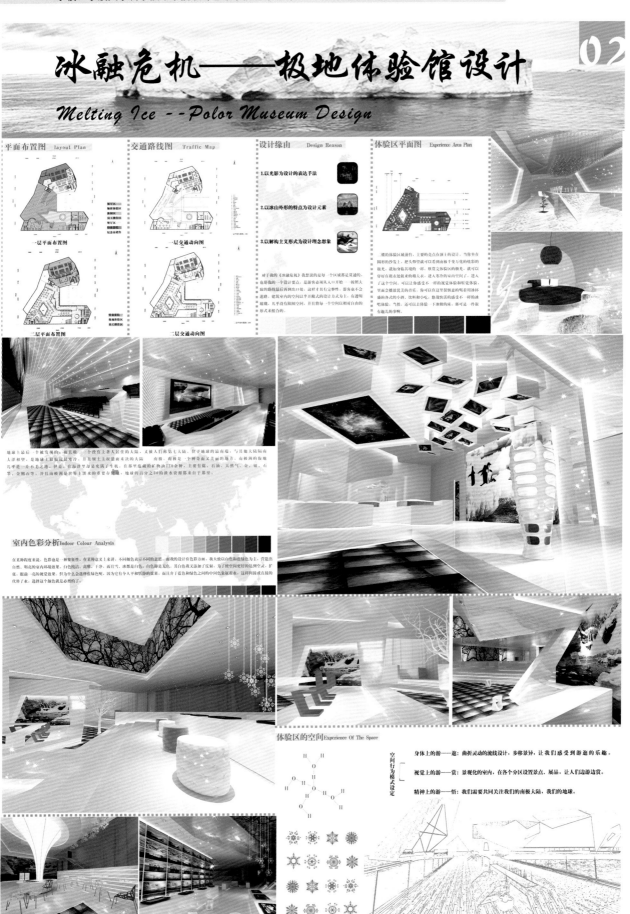

冰融危机——极地体验馆设计

Melting Ice -- Polar Museum Design

中国环境设计学年奖

学校：广东工业大学艺术设计学院环境艺术设计系　　指导老师：胡林辉　　学生：柯健　李永新　龙恺琴

零帕几何

阅读体验空间设计

"零帕几何"是基于当下生活节奏快，生活压力大的信息化时代，人们难以享受休闲阅读这一现状的思考。

设计概念

书籍+音乐+阳光+咖啡+分享=精神的慰足=0帕几何

打破传统阅读空间干燥的安静，注入音乐、阳光、咖啡，调动阅读兴趣。注重分享，设立多人阅读区，增强阅读的交流，拒绝乏味式的阅读。

针对不同人的阅读习惯，划分动静区，针对或坐或躺或站的习惯进行设计。

将该阅读空间定义为多元的、动态的文化事业，而非普通的公共基础设施，注重销上的创意。注入推广阅读、激发创意、深耕文化、洗涤心灵的经营理念。

设计切入点

从周末喝着咖啡看杂志品着早茶看报纸的休闲状态中获取灵感，提出"0帕"的概念，"帕"是压力的单位，"0帕"即"无压力"。提倡一种非功利性，纯享受的阅读方式。

元素引用

晶体简单而纯净的构想。

书，是智慧的结晶，我们从结晶中找到灵感去除事物繁复的表面，回归事物最初的纯粹以干净、简练的线条进行切割重组，构成简单的几何晶体。将晶体引入设计中，以设计反馈简单的生活方式，追求零帕。

点评：该作品以"零帕几何"为题，"零"即为无，"帕"，是物理中表示压强的度量单位，即"帕斯卡"。"零帕"即为无压强的直观描述，也可以理解为没有压抑感。该方案前期做了大量的社会调查与数据分析，寻求当前快节奏、高压力下人们的心理"诉求"。同时在阅读空间中注入音乐、阳光、咖啡等元素，试图通过各种"阅读"的方式求得身心的调节与放松，达到生命保健、体能恢复、身心愉悦的目的。设计作品以空间叙述的方式，定位明确、逻辑清晰、审美性强。最终设计成果表达细致、得体，极具艺术感染力。

学校：广东工业大学艺术设计学院环境艺术设计系　　指导老师：胡林辉　　学生：柯健　李永新　龙恺琴

1F

1　入口
2　服务台
3　快速阅读区
4　多功能信息平台

快速阅读区&多功能信息平台

2F

书库

中国环境设计学年奖

学校：宁波大学科学技术学院设计艺术学院艺术设计系　　指导老师：崔恒　籍颖　　学生：王婷

巧合 1 ——艺术家公社设计方案
Coincidence-Artist Commune Solution Design

点评：作为艺术家的生活和工作空间，重要的是在满足艺术家日常生活需要的同时，还要了解他们对空间形式的特殊要求，从而达到空间设计的多功能性与多元化。该方案能够很好地从艺术家的生理和心理来进行设计，利用"七巧板"的设计元素将不同的功能空间有机地联系在一起，诠释了丰富的空间表情。

学校：宁波大学科学技术学院设计艺术学院艺术设计系　　指导老师：崔恒　籍颖　　学生：王婷

内庭院是连接室外空间和交流空间的连接地带，我在本次设计中，虽然其实并不具备传统定义下的院落空间围合，而是以开放式形态出现，强调过渡的模糊性和灵活性，使得过渡不生硬，在两个建筑内庭院的上空以钢材玻璃廊道连通，并且延续到地面形成室外就餐区的餐桌，创造出趣味性和个性化的形态。以平台为就餐区的天花板，形成一个露天就餐区，捧本小说，喝点茶，抬头就可以看到美不胜收的自然风景……在大自然中享受空气、绿色和宁静，体验惬意的休闲生活。

在建筑色彩上，以灰、白、黑为主要的色彩配置，艺术公社采用灰色的地砖，外墙采用浅色石材，和黑色的钢材，同时配有透明玻璃等。

整个公社组成：主要包括住宿空间、交流空间、工作空间、走道空间、休闲空间及庭院等。

建筑运用的主要材料：钢材、素水泥模块、鹅卵石、玻璃、防腐木等。

按照公社居住和工作两种主要功能，竖向将功能分为两种：地面一层主要是公共展览线路包括：交流、展览、工作、休闲等公共功能，以连贯的展览空间为主；二层则是私人活动线路，主要以居住生活和休闲空间为主。每层尺度不同，工作部分为5米高，居住部分高4米。

The inner courtyard is connected to the connection area of outdoor space and communication space, in the design, even though it does not have the traditional definition of the courtyard space enclosed, but open form, emphasizing the transition of ambiguity and flexibility, making the transition is not hard. Table in the courtyard over two buildings, connected with steel and glass corridors, and continues to the ground to the formation of an outdoor dining area, to create a fun and personalized form. Platform for the ceiling of the dining area, forming an open-air dining area, holding the novel, drink tea, looked up to see the beautiful natural scenery ... enjoy the air, green and quiet in nature. Experience the comfortable life of leisure.

In building the color, with gray, white, and black as the main colour configuration. Art by using grey floor tile commune, use light color stone wall, and black steel.

At the same time with transparent glass, etc. The whole community composition: mainly including accommodation space, communication space, work space, space, leisure space and footpath courtyard composition, etc. The main material of building use: steel, element cement module, pebbles, glass, antiovrosive wood, etc. According to the commune in live and work two main functions, vertical will function into two: the ground floor is main public exhibition line including: communication, exhibition, work, leisure and other public function to the coherence of the exhibition space for the Lord;

Second to the private activity lines, mainly living and leisure space to give priority to. Every layer of different scales:

department for the divided into five meters high,

living part four meters high.

巧合²

——艺术家公社设计方案

Coincidence-Artist Commune Solution Design

休闲区效果图（1；2）

学校：宁波大学科学技术学院设计艺术学院艺术设计系　　指导老师：崔恒　籍颖　　学生：马勤　王绿瓯

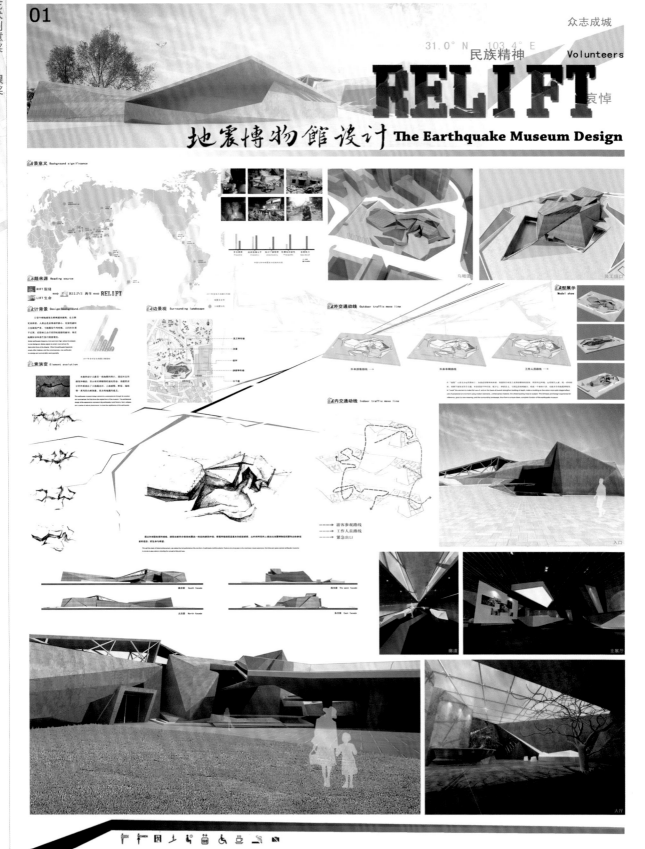

点评：此作品犹如一座生长于地震区地表的建筑，结构的错层和断裂是它给人们的第一视觉感受，建筑利用它犹如地表断层一样的坚实外观承载着对于生命的思考与希望，由此发掘人性的光辉，展望未来的新生。室内各个功能空间布局巧妙，以地震后碎片的元素进行排列与重组，将解构主义思想完全融入到室内空间当中，最终呈现出了一座具纪念性并富有感染力的地震博物馆设计方案。

学校：宁波大学科学技术学院设计艺术学院艺术设计系　　指导老师：崔恒　籍颖　　学生：马勤　王绿瓯

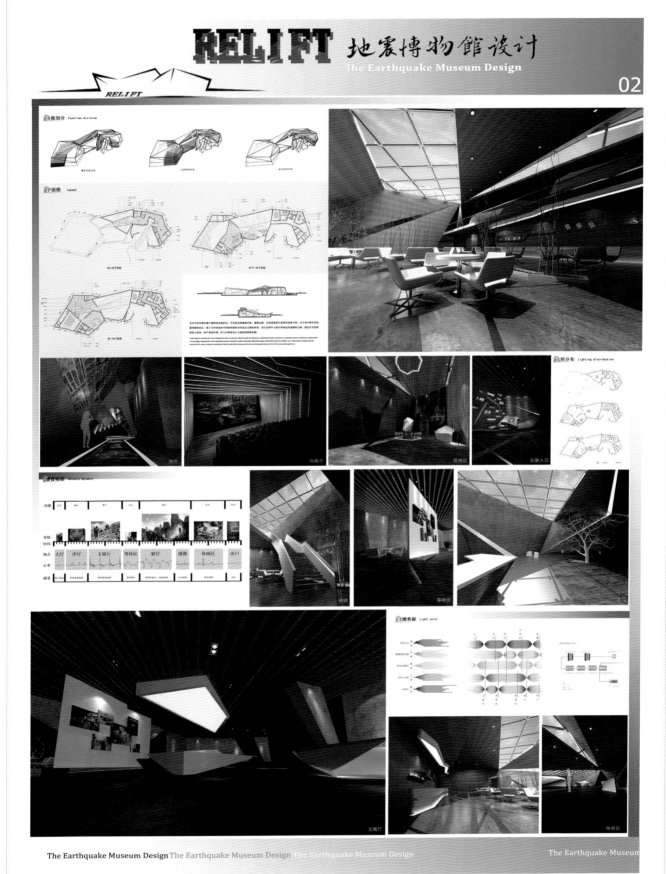

学校：云南大学艺术与设计学院环艺系　　指导老师：吴坚　　学生：翟超

腾冲国际翡翠文化中心

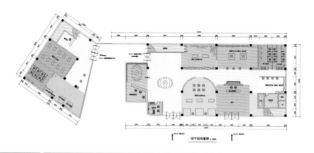

设计说明：一层主要为翡翠展示区和加工区，其中展示区部分又主要分为前厅，翡翠文化展区，赌石展区，翡翠摆件展区，翡翠挂件展区，翡翠鉴别区，因加工区噪声较大，则将其划分在一侧。

翡翠摆件展示区

前厅

　　室内空间设计主要营造一种翡翠的神秘色彩，通过加强对比，使焦点更加专注到翡翠的"光"浴之中，空间内整体冷色调，使人身处其中就能感受到翡翠玉石的"温度"，感受到其水润光泽。

　　空间整体偏暗，局部照亮，则是想做到"石中寻玉"的神秘感觉。顶面使用灰色，利用翠色的灯柱打破顶面的沉闷，地面利用流动的曲线，如同水流一样，更加使空间不再显得单调，充分消除沉闷的感觉。

学校：广东工业大学艺术设计学院环境艺术设计系　指导老师：任光培　何莹莹　学生：邝振财　杨英辉　李德荣

中国环境设计学年奖

古村印记

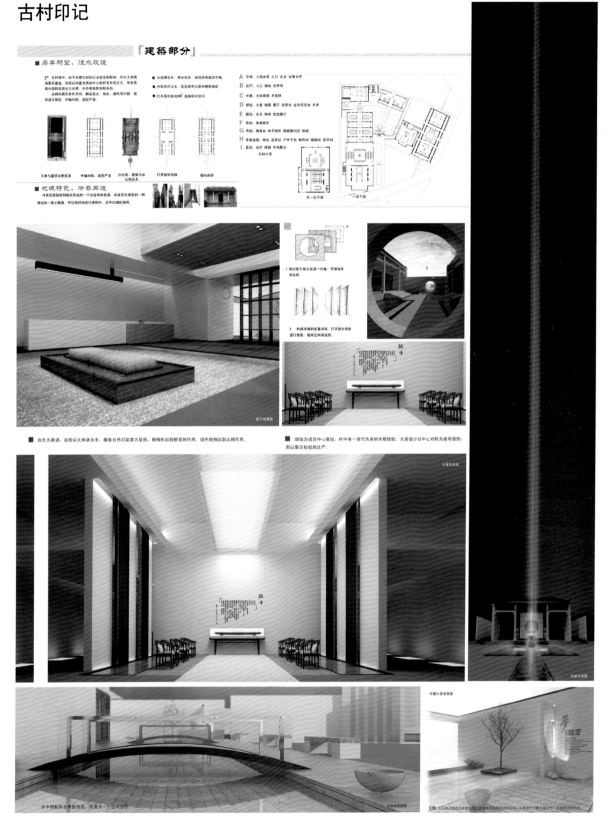

点评：本案对佛山南海区大沥镇点头村老建筑群进行实地考察，立足本土建筑，关注社会需求，结合"建设新农村"探索思路，并结合广东地区气候特点及自然通风原理的基础上，探讨了广东民居设计手法，包括规划布局、天井及楼井、冷巷及廊道、门窗及室内隔断等各方面进行较深入的设计分析。

古村建筑群改造的特别之处在于保留了村落整体风貌，将现代的餐饮、娱乐、时尚艺术等功能融合其中；设计充分考虑村民的日常生活，形成"文化"、"人"和"功能"高度结合，文化核心传承、人的城市生活需求和功能复兴为开发理念，并渗透到规划和建筑的保护及开发各个方面。

学校：广州美术学院美术教育学院　　指导老师：童小明　雷鸣　　学生：张展明

都市牛仔——自行车专卖店

 沙漏展架图二

时针展架功能图

重量

弹簧

上班　　　　　交通　　　　　轻松

时针——自行车展示

时针展架图

通过把时针作为自行车的展架，原始时间定格（如上班的九点）代表着人们生活的紧张脉搏，而把自行车架于之上，通过自身重量，使得分针回转（如八点五十分），寓意自行车使人更好地掌握生活节奏。

挂于墙上的时针展示道具内装有弹簧装置，在原始的状态下停留于两点钟。当把自行车放置其上，承受到展品的重量，合顺着轨道移动，停留在一点五十分。

学校：宁波大学科学技术学院设计艺术学院艺术设计系　　指导老师：崔恒　籍颖　　学生：陈宁　郑思文

点评："科技感"、"时代感"、"节奏感"是此设计作品创作始终的关键词。两位同学运用了"形音流水"的设计元素，利用犹如音律一样的结构变化，使得整个建筑空间的交通流线和空间转接十分流畅并具有节奏感，以韵律感与流线型来诠释速度、演绎未来。方案从设计立意到最后的完成，空间表达恰到好处，声光电的合理设计为整个方案增添了未来色彩。

学校：东北师范大学美术学院环境艺术设计系　　指导老师：王铁军　刘治龙　　学生：罗田

空间·构成·对话 ①

构成主义·品牌服饰店室内设计方案

CONSTRUCTIVISM
Brand clothing store interior design

品牌创立 Brand building

HUGO BOSS在国际时尚界拥有举足轻重的地位，是德国的经典品牌。HUGO BOSS一直崇尚的经营哲学为：为成功人士塑造专业形象。
HUGO BOSS is the international fashion circle has the important status,Germany is the classic brand,HUGO BOSS has been advocating business philosophy is for successful model professional image.

品牌风格 Brand style

HUGO BOSS的风格比较稳重成熟，剪裁继承了德国传统硬朗阳刚性形象，其服装线条也硬一点，且讲求对称、布料方面，也用得时尚中常见的丝质或chiffon等轻逸布料，以免破环HUGO BOSS的笔挺衫身。
HUGO BOSS style is composed mature,clothing line also hale a bit,and with the symmetrical. Cloth,with less common in the fashion of the silk chiffon or frivolous fabrics etc, in order to avoid destruction of HUGO BOSS very straight unlined upper garment body.

地点选定 Location selected

地点选定：位于长春市重庆路两侧一座临街一层区域，北临卓展购物中心，南银为西安大路，吉铜香格里拉大酒店，东侧为春格里拉大饭店。地处繁华地段，交通便利有较好的绿化环境：
Location selection located in changchun ChongQingLu down street from a highbuilding a layer of area of area. The shopping center north of zhun exhibition,south side of sian road,west side is Kuala Lumpur hotel east,east of the shangri-la hotel Stream, the transportation is convenient,and have a good green environment.

关于空间的构成主义设计 On the design of constructivist

空间通过直线条的变化，可以让体验者感受到不同的具有平面构成意义的体会。空间线条用灯光强化处理，从视觉上增加空间的视觉冲击力，与反光材料交相辉映，形成凝结在空间中的构成画。在画中购物，体验者与空间对话，强化空间与人的互动关系，使体验者耳目一新。
space through straight lines change, can let experience feel different has the plane constitute meaning of experience.

前期草图 Early sketch

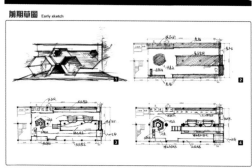

点评：精美的画面、精到的比例是该设计的一大亮点，同时也体现出设计者较高的专业素养。点线面的构成关系与木色材质的质朴形成视觉上的对话。线性的吊顶与深色地面的反光使空间的参与者得到了心理上的暗示，具有强烈的设计导向。空间的加减法与艺术的复合使读者对设计发出内心的尊重。

景观设计

学校：南京艺术学院景观设计系　指导老师：刘谯　学生：蔺要同

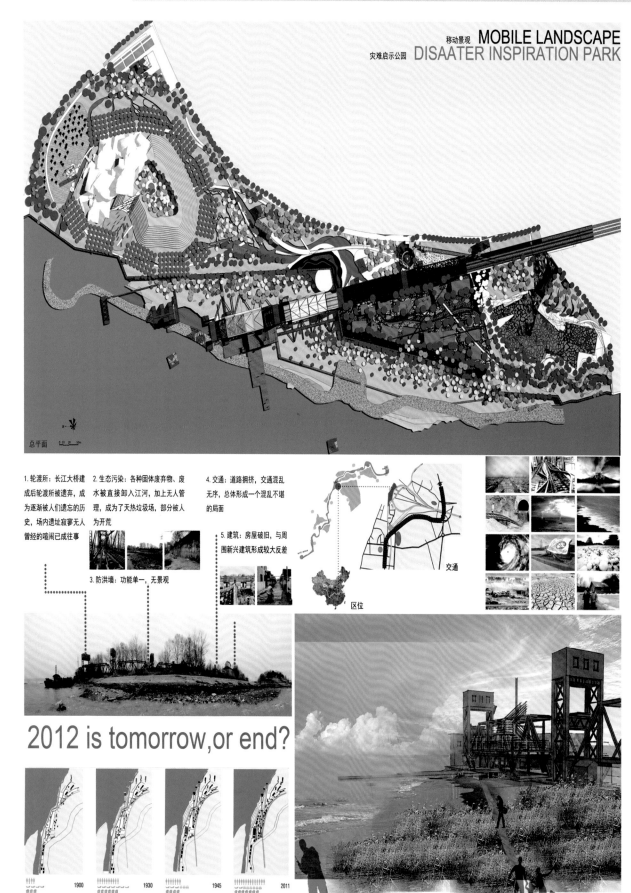

点评：在毕业设计选题中提出具有时代感与责任感的命题是难能可贵的。对于废弃的历史遗存，如何开发和再利用，本案提出了从选题到设计较为完整与完善的解决方案。除了保护视觉遗存外，尤其注重再造景观所承载的教育意义，延展其社会意义与价值，是为设计的亮点。

学校：南京艺术学院景观设计系　　指导老师：刘谦　　学生：葡要同

移动景观 **MOBILE LANDSCAPE**
灾难启示公园 **DISAATER INSPIRATION PARK**

2012 is tomorrow,or end?

随着世界范围内的全球变暖、海平面上升、地震、海啸等灾难的濒临发生。电影《2012》的场景真的会出现吗？2012是末日还是明日？我们对这一问题进行了研究探讨。

灾难性主题公园是利用逆向的思维，让灾难的场景出现在人们面前，来让人们去认知探索，从而激发人们对环境保护的强烈意识，来更好的保护环境、保护生态。文化历史的遗址被遗弃，同样也是一种灾难。逆向思维的改造遗址，在场地概念的前提下，赋予遗址更多的内涵，让人们参观遗址的同时去体验灾难时的情景，从而启发人们爱护环境，有着更好的教育意义。

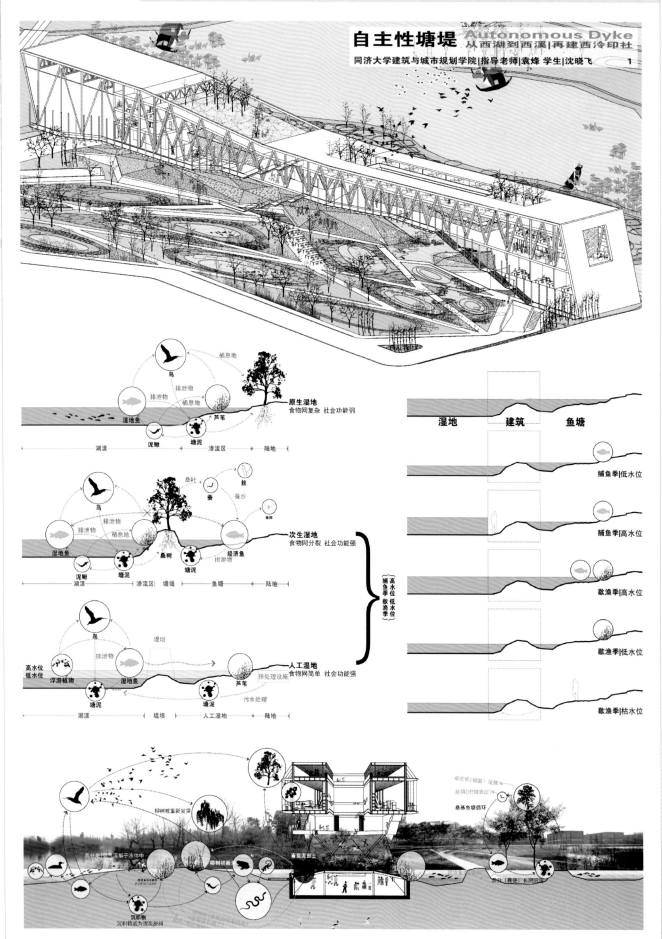

自主性塘堤 Autonomous Dyke
从西湖到西溪|再建西泠印社
同济大学建筑与城市规划学院|指导老师|袁烽 学生|沈晓飞 1

学校：同济大学建筑与城市规划学院建筑系　　指导老师：袁烽　　学生：沈晓飞

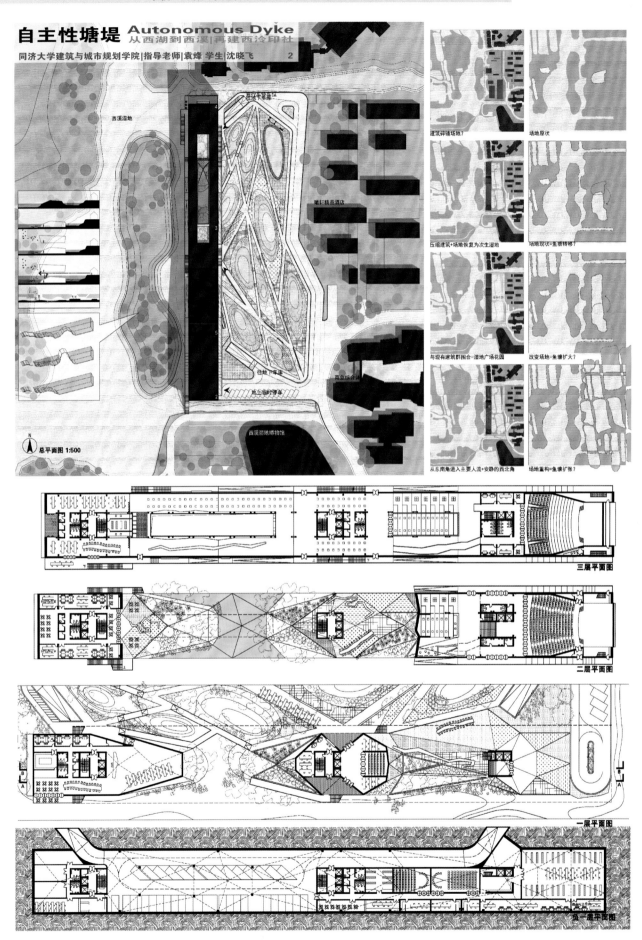

自主性塘堤 Autonomous Dyke
从西湖到西溪|再建西泠印社

同济大学建筑与城市规划学院|指导老师|袁烽 学生|沈晓飞

学校：同济大学建筑与城市规划学院建筑系　　指导老师：袁烽　　学生：沈晓飞

自主性塘堤 Autonomous Dyke
从西湖到西溪|再建西泠印社

同济大学建筑与城市规划学院|指导老师|袁烽 学生|沈晓飞　　　5

学校：重庆大学艺术学院环境艺术设计系　　指导老师：张培颖　项之圆　　学生：梁杰

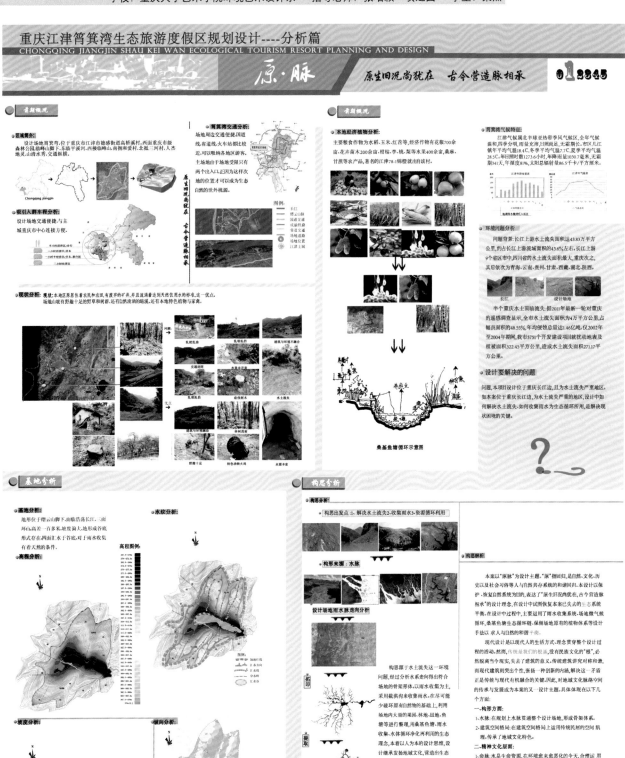

学校：重庆大学艺术学院环境艺术设计系　　指导老师：张培颖　项之圆　　学生：梁杰

重庆江津筲箕湾生态旅游度假区规划设计-----规划篇
CHONGQING JIANGJIN SHAU KEI WAN ECOLOGICAL TOURISM RESORT PLANNING AND DESIGN

原·脉

原生旧况尚犹在　　古今营造脉相承

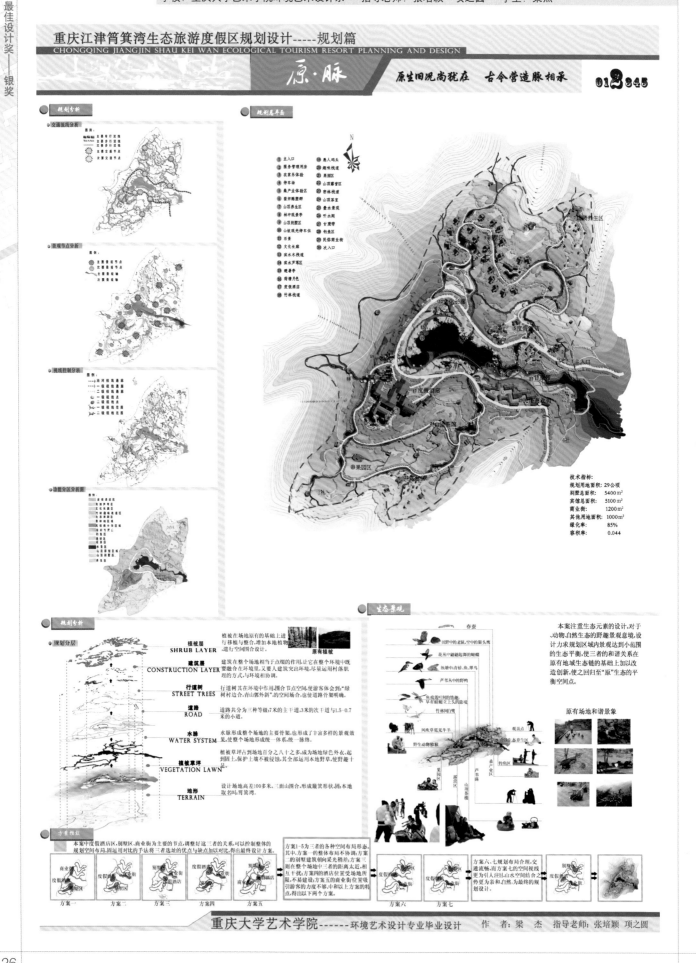

技术指标：
规划用地面积：29公顷
剖墅总面积：5400 ㎡
宾馆面积：5100 ㎡
商业面积：1200 ㎡
其他用地面积：1000 ㎡
绿化率：85%
容积率：0.044

学校：重庆大学艺术学院环境艺术设计系　　指导老师：张培颖　项之圆　　学生：梁杰

学校：江南大学设计学院建筑环艺系　　指导老师：史明　吴悍　　学生：宋春苑

涅·重生 —— 南京728爆炸遗址景观改造
THE REBORN OF THE PHOENIX
Nanjing 728 explosion ruins landscape transformation

基地分析

项目类型

南京728爆炸遗址景观改造 —— 化工工业主题公园景观设计

区域位置与城市环境

基地面积：5.6公顷
基地位置：
基地位于江苏省南京市栖霞区燕子矶，南京728爆炸遗址的南面，属于原来万寿村，经五路与迈画路交界旁，北临红太阳家具城与阳光雅居以及728爆炸地块，东临壹城东区和商业街，南临壹城西区，西临南京新材料公司
城市背景：
南京新城规划，燕子矶属于规划新城，原来以化工业发展产业结构为重点，随着城市的发展面临转型，所有160多家化工企业面临迁徙，只留下一家金陵石化。城市的痕迹将会被新的产业发展取代。

基地现状分析

燕子矶化工728爆炸遗址位于从二桥高速公路进入南京市区道路的栖霞大道，为了即将改造规划的栖霞新城，所以遗址周围的化工厂区基本都以拆除，周围基本都是居民小区，北临是燕华园和瓜洲小区，西临家具卖场和四村，南邻爆炸后以开始规划的小区和红太阳家具综合商业区，东临居住小区级综合商业街区。

基地现状交通分析

基地现状功能分析

学校：江南大学　　姓名：宋春苑　　专业：环境艺术设计　　指导老师：史明　吴悍　　完成日期：2012年6月

点评：该方案以"凤凰涅槃重生"为线索，主要解决化工工业遗址、爆炸遗址的纪念性与娱乐休闲公园三位一体的整合。以当地化工工业类型功能分类为设计手法，较好地利用化工工业为元素，以设计不同的主题设施小品为特色，营造不同的主题氛围，充分体现了化工工业和自然的对话，能够较好地解决场地所带来的城市废弃地生态修复的问题，体现场地老化工工业的特色魅力，更为市民营造了一个身心愉悦、纪念性与休闲娱乐一体的场所。
整个设计方案思路清晰，布局得体，交通合宜；成果表现充分，表达完整；难能可贵之处在于景观各要素配合得体，能够非常恰如其分地展现场所的特点及氛围。

学校：江南大学设计学院建筑环艺系　　指导老师：史明　吴悍　　学生：宋春苑

涅槃·重生——南京728爆炸遗址景观改造
THE REBORN OF THE PHOENIX
Nanjing 728 explosion ruins landscape transformation

零壹 总体设计

主要问题：
1. "化工工业遗址印记"、"爆炸遗址的纪念性"与"公园休闲娱乐性"三位一体的整合。
2. 化工工业与自然的对话：人工开发与自然融合，爆炸后自然生态修复，爆炸寓教于乐引发人们的反思。

次要问题：
1. 728事件后爆炸废墟的荒废，城市垃圾堆放。
2. 城市外来人口居多，缺少休闲活动交流的地带。
3. 城中村向城市发展居民生活方式转变如：农耕文化。

设计策略：
凤凰涅槃浴火重生的理念

1. 场地的特殊性，爆炸事件本身，爆炸前后如凤凰涅槃重生。
2. 城市转型也是一次新涅槃与重生。
3. 南京的地域文化背景中凤凰的传说。

整个公园以"凤凰涅槃的过程"为线索，营造出爆炸前平静祥和——爆炸时的紧张揪心激烈——爆炸后重回
静谧——豁然开朗、冥想——闲致、悠闲——野趣、收获——欢乐，重生，喜悦的氛围

总平面图

景观结构分析
- 功能分析

  化工工业遗址印记
  爆炸遗址纪念性
  公园娱乐休闲性

  天然气化工·纪念园
  煤炭化工·水体乐园
  农业化工·苗圃园
  石油化工·共享园

- 交通流线分析

  公园机动车主干道
  园区主步行道
  园区次步行道
  主入口
  次入口

- 竖向分析

- 水系分析

  自然水系
  活动水系

- 01 主入口
- 02 主入口入口爆炸小广场
- 03 入口纪念广场
- 04 入口广场雕塑
- 05 休憩小品
- 06 墓园
- 07 阵亡墓碑
- 08 追忆园
- 09 西气东输雕塑园
- 10 管理中心
- 11 城市记忆
- 12 假山叠石
- 13 红色记忆雕塑
- 14 阳光草坪
- 15 樱花树阵
- 16 迷宫
- 17 旱喷水壁
- 18 多功能水吧
- 19 旱喷戏水
- 20 水中游园
- 21 叠水
- 22 莲花池
- 23 问禁处
- 24 苗圃
- 25 登凤凰台
- 26 温室花园
- 27 竹林小憩
- 28 共享园
- 29 次入口
- 30 停车场

0m 10m 50m 100m

N

设计元素
该项目主要提取化工工业中元素和材料，以及爆炸遗留的残骸为为主要设计元素，如：pvc管、废旧钢材、管道、化学器材等，经过提炼再设计，体现化工工业印记与自然的融合。

设计主要人群
第一类：青少年和儿童。周围幼儿园与中专等院校比较多（起到一个教育祭奠历史的效果）
第二类：周围当地居民，基本在原来老化工业区工作过
第三类：基地周围外来人口

公园人群基本都是普通人群与基层人群，所以定位为低成本的材料与当地植物为主，营造生态休闲娱乐的主题公园。

绿地系统分析
- 林地区
- 灌木区
- 活动草坪区

设计手段
以燕子矶主要的企业：金陵石化1984（唯一保留），南京燕江化工厂1979（以拆除），南京机械化工1956（已拆除），他们主要的提供产业的发展的类型为轴线主要从：天然气化工·煤炭化工·农业化工·石油化工为功能分区，营造一个娱乐休闲生态自然综合性纪念性主题公园。

天然气化工{纪念园}{以纪念728爆炸事件为索引}
这次基地特殊性和气体管道有关。所以这个分区将作为728纪念园，会保留当时爆炸中存留的管道以及被涉及到一些残骸，以此来达到纪念和反思，营造一种静谧的氛围。

煤炭化工{水体乐园}{耗水量大和污水处理是煤炭化工特点}
个主题将是水体乐园，基本将以材质体现水质的变化，以及亲水互动乐园

农业化工{苗圃园}{农耕中与化工联系以及人前农耕生活方式的再现}
基地位于燕子矶，外来人口比较多，属于城中村，人们依然怀念农耕时代，所以这种苗圃将作为苗圃园，既可以让人们感怀生活的方式，也是变相的体会农业化工带来的成果与历程，促进青年儿童感知时代的积淀。

石油化工{共享园}{石油本身全身是宝是一个共享的材料}
利用一些炼油工艺中的元素{如：大油罐，炼油过程}，展现一个时代的小广场的休闲的共享园。

学校：江南大学设计学院建筑环艺系　　指导老师：史明　吴悍　　学生：宋春苑

涅·重生—— 南京728爆炸遗址景观改造
THE REBORN OF THE PHOENIX　Nanjing 728 explosion ruins landscape transformation

总体设计

煤炭化工·水体乐园

全园的游玩高潮，营造闲致、休闲、悠闲的氛围

主要以煤炭水处理为景序从　蓄水池｛自然态水池｝----冷却塔｛主要作为一个观景平台，可以观看整个水体园｝----沉淀池｛一个潜水活动池，｝　----厌氧池｛水下通道体验与氧气隔绝的感受｝------暴晒池｛景观水塘｝----动植物分解池｛通过植物动物分解净化水体｝------水渠跌宕｛通过跌宕的水体分解有机物，自然水景流向苗圃园灌溉｝

• 水体乐园多功能水吧
• 水吧理念来源于煤炭化工的冷却池，原型为载体，加入新的使命与功能，多功能水吧面积 300 m²，采用太阳板与绿色植物结合的原理为外构架，为水吧内提供能量资源，水吧的多功能在于夏天可以作为小型游泳馆，冬天可以作为滑冰馆，平时也可以作为表演大舞台和人们休息喝茶的休闲空间

• 水体乐园旱喷设施小品

• 水系功能分析

　　蓄水池·叠泉
　　冷却塔·多功能水吧
　　沉淀池·浅滩戏水
　　沃氧池·水底游园
　　暴晒池·一江池水
　　分解池·荷塘观鱼
　　控波·水渠跌宕

• 凤凰观景平台·苗圃园服务处

农业化工｛苗圃园｝

野趣、田园、分享、劳作

主要以还原农耕时代，通过种植、施肥体验农业化工的趣味，以及了解农业化工中以植物创造的新材料所建造的构筑魅力。整个苗圃园引水体园的水作为灌溉。感受田间漫步溪流戏水的快乐

• 温室花圃园构架

• D—D水体乐园和苗圃园节点剖面

学校：江南大学　姓名：宋春苑　专业：环境艺术设计　指导老师：史明　吴悍　完成日期：2012年6月

学校：华南理工大学建筑学院　　指导老师：谢纯　翁奕城　　学生：卢青青　梁颖瑜　李漪溟

江河之洲 ——小洲村公共空间优化设计

The river network of the islands—— Optimization design of the public space in Xiaozhou Village

规划景观结构

村内道路规划

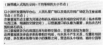

村内交通流线

景观基础设施

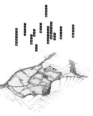

场地剖面

场地剖面展示小洲村与河涌密不可分的关系，

以及各个主要节点位于小洲村的何处位置。

主要节点1

本节点位于小洲村北部主入口

主要节点2

本节点位于小洲村中央华台山

主要节点3

本节点位于小洲村南入口

简氏宗祠前广场

学校：华南理工大学设计学院　指导老师：梁明捷　郑莉　李莉　薛颖　谢冠一　学生：王鹏　王艺翔　杨柳　周敬山

NO 03

承 階

昆明小水井苗族風情生態村核心區舊村景觀設計方案

KUNMIN SMALL WELLS HMONG STYLE ECO - VILLAGE CORE AREA OF OLD VILLAGE LANDSCAPE DESIGN

生態Ecology
文化Culture
體驗Experience
民俗Folk custom

窪地景觀設計

設計說明 Design Notes

"展示"

斗牛場位于整體規劃設計的中心注地，地勢呈階梯狀，是整體規劃的核心地區，整體上采用大色塊的設計手法，減少跳躍感；細部處理則提供適宜人體尺度，豐富的景觀層次，以及材質和形式的變化，將人的行為穿插于景觀之中，給游客以體驗的感受。在對景觀規劃中采用低層、中層、高層采用立體化植物配置。植物形式采用喬植、叢植、群植配合各種盆栽，使整體效果達到靈活多變、層次丰富多彩，道路兩側和局部開闊場地采用規則樹形成圖案形式的花壇、灌木種植帶、地被植物等，大面積的綠地和部分休憩空間營造出美的感受。

場地分析 Site Analysis

■ 東歐公路
■ 新學校教堂位置
■ 新接待中心位置
■ 景觀天橋

問題1：東歐公路從小水井村穿過，帶來于很大安全隱患，同時會給居民和游客帶來很大的干擾。
解決方式：村口大面積的景觀天橋，解決村口東面廣場的人流疏散。

老教堂位置
新接待中心位置
原學校位置

小水井村教堂位置和小學的位置目前小學位置將要新建接待中心

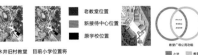

問題2：小水井村現有舊教堂和希望小學，舊村改造需要新建一番接待中心和，位于現希望小學位置，所以必須要遷出原學校。
解決方式：是小學、座落和教堂相結合，小學和教堂合并入流聚集，教堂與景觀貝仅理並結合，形成一個功能并享超新形式，并避免和教堂放置在比較相離低勢斗遷，形成以斗牛場舊村中軸景觀軸線。

問題3：低降雨一年中大部分于干枯減態：只有7-9月兩春有一定量的降水。
解決方式：與小春和教堂相結合，設置可步行更道和中心斗牛場地以及賽道，并目設置生態作高種植種種，種植小春等等低雜生植。

■ 小學 ■ 教堂 ■ 斗牛場

平面圖 剖面圖 Floor plan and longitudinal Section

A-A'剖面1:500　　B-B'剖面1:500　　C-C'剖面1:500　　核心區景觀平面圖1:700

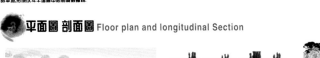

流線分析 Flow lines

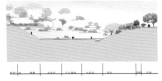

景觀天橋

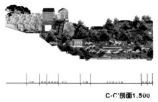

天橋流線圖

天橋體量較大。草路東西南縱，主要用于人流縱交換流散。不僅捷能各面舊材村口小景讓和東面喬楊中超廣道、道與喬教、教堂相連通。天橋上配有3層級庆入電梯。道橋短延用成降喬陽入流疏散，教其用重接分散。

窪地

水栈道通和舊材與喬業/舊教舊細對顧。眼後板讓中于斗牛場底地和教堂小春場

■ 主要人流線
■ 景觀木栈道
■ 無障碍通道

景觀軸線

景觀天橋作為主要的連結,與村口和舊教舊廣場之間的流線關系。

斗牛場各出口廣場羅　　景觀帶道線分析　　眼線主要聚集點

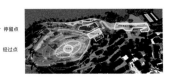

■ 停留點
■ 經過點

透視圖 Perspective

Designer

華南理工大学

学校：广东技术师范学院艺术设计系　指导老师：陈国兴　学生：陈慧燕

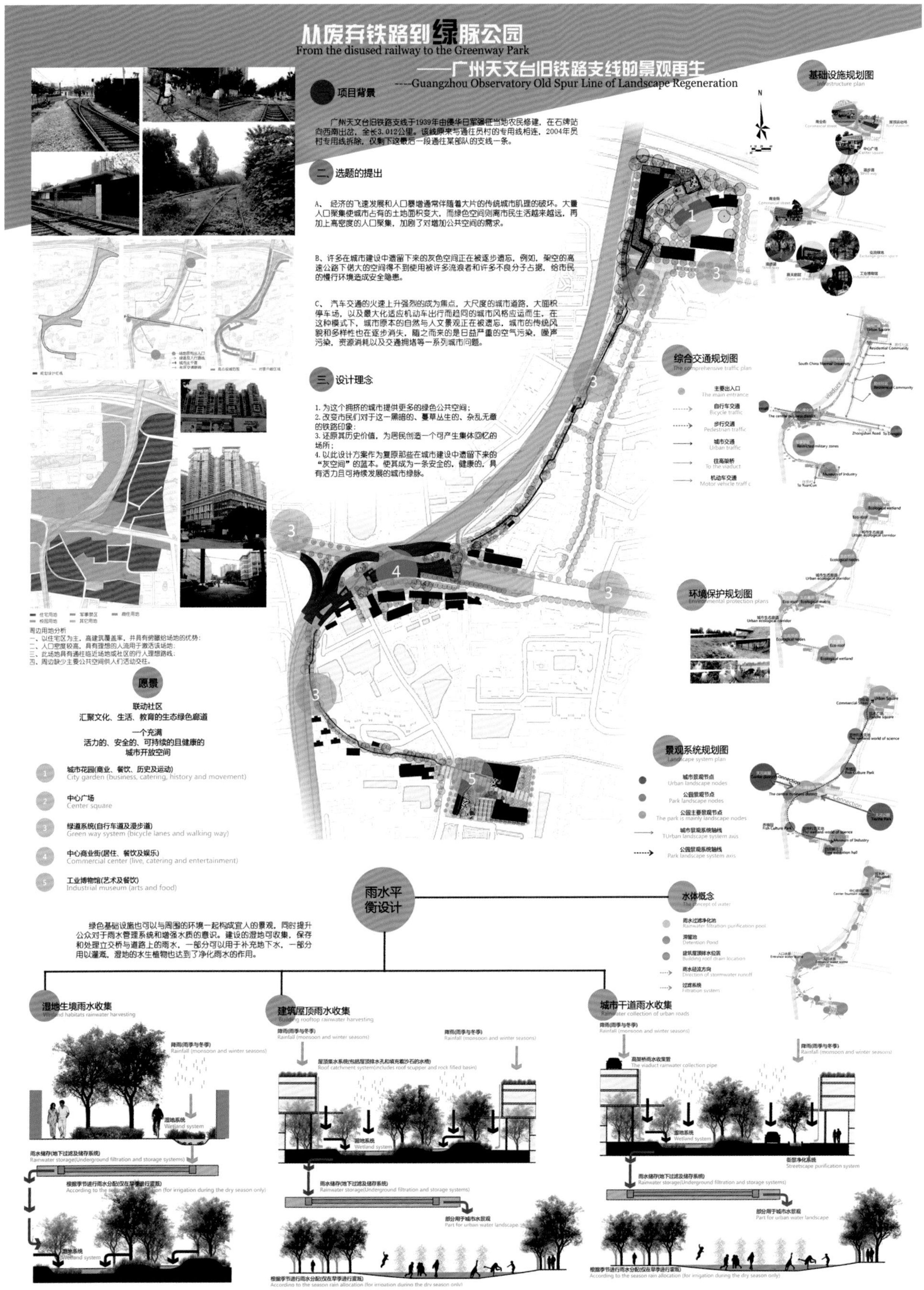
从废弃铁路到绿脉公园
From the disused railway to the Greenway Park
——广州天文台旧铁路支线的景观再生
----Guangzhou Observatory Old Spur Line of Landscape Regeneration
一、项目背景
广州天文台旧铁路支线于1939年由侵华日军强征当地农民修建，在石牌站向西南出岔，全长3.012公里。该线原来与通往员村的专用线相连，2004年员村专用线拆除，仅剩下这最后一段通往某部队的支线一条。
二、选题的提出
A、经济的飞速发展和人口暴增通常伴随着大片的传统城市肌理的破坏。大量人口聚集使城市占有的土地面积变大，而绿色空间则离市民生活越来越远，再加上高密度的人口聚集，加剧了对增加公共空间的需求。
B、许多在城市建设中遗留下来的灰色空间正在被逐步遗忘，例如，架空的高速公路下偌大的空间得不到使用被许多流浪者和许多不良分子占据，给市民的慢行环境造成安全隐患。
C、汽车交通的火速上升强烈的成为焦点，大尺度的城市道路，大面积停车场，以及最大化适应机动车出行而趋同的城市风格应运而生，在这种模式下，城市原本的自然与人文景观正在被遗忘，城市的传统风貌和多样性也在逐步消失，随之而来的是日益严重的空气污染，噪声污染，资源消耗以及交通拥堵等一系列城市问题。
三、设计理念
1. 为这个拥挤的城市提供更多的绿色公共空间；
2. 改变市民们对于这一黑暗的、蔓草丛生的、杂乱无章的铁路印象；
3. 还原其历史价值，为居民创造一个可产生集体回忆的场所；
4. 以此设计方案作为复原那些在城市建设中遗留下来的“灰空间”的蓝本。使其成为一条安全的，健康的，具有活力且可持续发展的城市绿脉。
住宅用地　军事禁区　商住用地
校园用地　其它用地
周边用地分析
一、以住宅区为主，高建筑覆盖率，并具有俯瞰给场地的优势；
二、人口密度较高，具有理想的人流用于激活该场地；
三、此场地具有通往临近场地或社区的行人理想路线；
四、周边缺少主要公共空间供人们活动交往。
愿景
联动社区
汇聚文化、生活、教育的生态绿色廊道
一个充满
活力的、安全的、可持续的且健康的
城市开放空间
1 城市花园(商业、餐饮、历史及运动)
City garden (business, catering, history and movement)
2 中心广场
Center square
3 绿道系统(自行车道及漫步道)
Green way system (bicycle lanes and walking way)
4 中心商业街(居住、餐饮及娱乐)
Commercial center (live, catering and entertainment)
5 工业博物馆(艺术及餐饮)
Industrial museum (arts and food)
基础设施规划图
Infrastructure plan
综合交通规划图
The comprehensive traffic plan
主要出入口
The main entrance
自行车交通
Bicycle traffic
步行交通
Pedestrian traffic
城市交通
Urban traffic
往高架桥
To the viaduct
机动车交通
Motor vehicle traffic
环境保护规划图
Environmental protection plans
景观系统规划图
Landscape system plan
城市景观节点
Urban landscape nodes
公园景观节点
Park landscape nodes
公园主要景观节点
The park is mainly landscape nodes
城市景观系统轴线
Urban landscape system axis
公园景观系统轴线
Park landscape system axis
水体概念
The concept of water
雨水平衡设计
绿色基础设施也可以与周围的环境一起构成宜人的景观，同时提升公众对于雨水管理系统和增强水质的意识。建设的湿地可收集，保存和处理立交桥与道路上的雨水，一部分可以用于补充地下水，一部分用以灌溉，湿地的水生植物也达到了净化雨水的作用。
湿地生境雨水收集
Wetland habitats rainwater harvesting
建筑屋顶雨水收集
Building rooftop rainwater harvesting
城市干道雨水收集
Rainwater collection of urban roads
降雨(雨季与冬季)
Rainfall (monsoon and winter seasons)
湿地系统
Wetland system
雨水储存(地下过滤及储存系统)
Rainwater storage(Underground filtration and storage systems)
部分用于城市水景观
Part for urban water landscape
街景净化系统
Streetscape purification system

点评：作者针对“狭窄”的城市旧铁路支线景观空间进行设计思考，以再生与生态的手法、城市绿脉的概念，试图改变原有场地黑暗、蔓草丛生、杂乱无章的废弃现状，为拥挤的城市提供更多绿色的公共景观空间及区域内居民集体回忆的场所，将线状的城市废弃旧空间改造成健康、活力且可持续发展的城市绿脉，为城市同类型空间的改造提供设计蓝本。

09　哈尔滨"红房子"工业遗产景观改造设计

Reconstruction Design of Harbin RED HOUSE Industrial Heritage Landscape

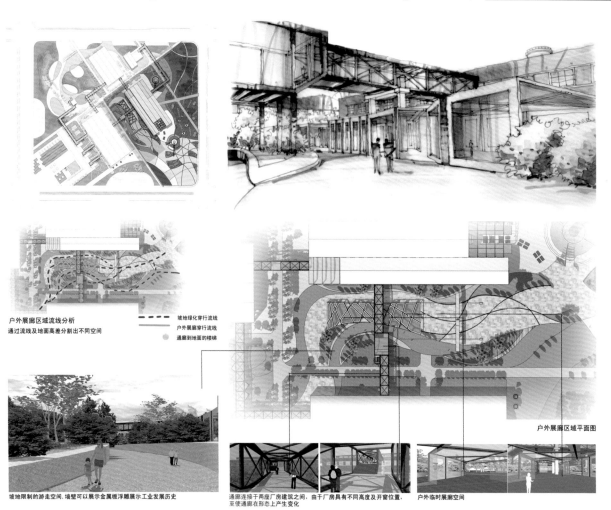

户外展廊区域流线分析
通过流线及地面高差分割出不同空间

- - - 坡地绿化穿行流线
—— 户外展廊穿行流线
● 通廊到地面的楼梯

坡地限制的游走空间，墙壁可以展示金属板浮雕展示工业发展历史

通廊连接于两座厂房建筑之间，由于厂房具有不同高度及开窗位置，至使通廊在形态上产生变化

户外临时展廊空间

户外展廊区域平面图

学校：哈尔滨工业大学设计学系　　指导老师：王未　　学生：伍潇

Reconstruction Design of Harbin RED HOUSE Industrial Heritage Landscape

哈尔滨"红房子"工业遗产景观改造设计 **3**

入口广场鸟瞰

发电页片的色彩元素

生命之塔

由场地内遗留的烟囱改造而来。红砖砌起的工业烟囱承载着级联机械厂工人们的智慧与汗水回忆，改造赋予它新的生命，成为艺术园区乃至整个哈西的地标性建筑。同时在塔上引入风能发电的功能，在塔上加建五组风能发电设备，储存的电力用于路灯和一些小型耗电系统。细片上采用不同颜色的小型风车叶片，叶片旋转的同时也成为一道美丽的景观。叶片上还设计有LED灯，夜晚起到灯塔的作用，呈现另一番景观画面。

这样的设计给予了烟囱新的功能，从过去的工业污染转变为现在的环保景观，更加突出了对工业遗产景观改造的重要意义。

风能发电技术

主要原理是，在烟囱上加设小型风车叶片，利用风力带动风叶旋转，再通过烟囱内部加设的增速机将旋转速度提升，来促使发电机发电。

记忆柱阵

随着艺术园区的发展，会有越来越多的先锋设计师和优秀设计公司入驻"红房子"。在主入口广场设计一片可以拆卸的柱阵。每入一个设计者或设计公司便为他插上一个印有入住者品牌形象的记忆之柱以资鼓励。没有插上柱子的凹槽在夜晚向天空中打出激光柱，丰富广场夜景。

创意园区吉祥物——机器人艺术雕塑

原场地内遗留了大量金属零部件和机械设备。经过设计和重新组装，这些见证了机械厂发展的零部件以机器人雕塑的形式再生。

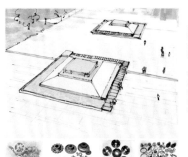

"岁月留痕"系列景观

由两个方形的喷泉水景构成。喷泉为回字形构图，与塔吊景观区和生命之塔景观相呼应。

喷泉四周浇筑厂区遗留的金属零件，水流从这些零件上流过，意欲着那段工业岁月虽已过去，但会永远在大家心中留下痕迹。

镶嵌零件意向

中国环境设计学年奖

学校：南京艺术学院景观设计系　指导老师：卫东风　徐炯　学生：杨雯婷　蒋帧姣

太湖旅游码头建筑改造与场地景观设计

码头设计目的在于找到适合无锡太湖边的建筑形式，码头的设计过程中注重和当地文化、环境、社会的结合。整体优化码头建筑设计。但码头建筑又不是脱离周边环境而存在的，更多的时候设计注重和周边的环境相协调。

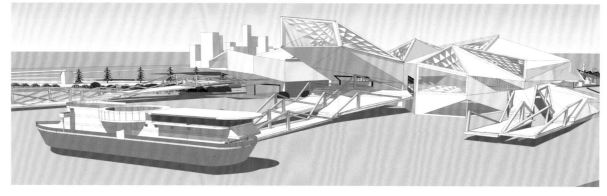

建筑立面图

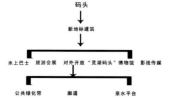

码头建筑与景观　有效的融为一体，从而真正达到建筑景观的均质感和理性化，建筑和景观都有统一的趋势，形式统一，元素统一，　同时更会从类型学方面对码头设计进行分析，使此次设计更具有研究性。最后使设计完成时的码头，能弥补原先码头造成的人流规划不合理、布局结构混乱、设施欠缺等问题。码头的再次改造能增加当地文化的丰富性，带动码头所在景区的旅游业的发展。

左视图

右视图

前视图

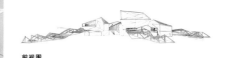

码头特有的数字化表皮，让码头建筑突出其特点。甲板的设计能更好的分流。不同的顶部表皮设计，增加了建筑的光感，同时也符合生态环保的意识。

建筑单体研究

螺旋线　　　　　　　　　　方块叠加

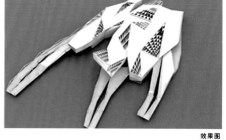

效果图

建筑单体

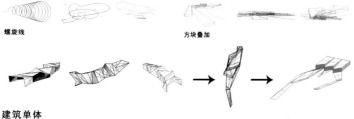

点评：作品有三个亮点：其一，尝试运用建筑类型学分析，归纳出码头的类型和形态特征。其二，将码头与当地内湖、丘陵结合，使场地更加丰富，趣味性更加浓厚。其三，运用了参数化设计，使改造后的码头更具现代感，同时又不缺乏太湖的地域文化特征。

学校：广州美术学院建筑与环境艺术设计学院　　指导老师：陈鸿雁　王铭　　学生：何苑诗

游园　中大模范村建筑与景观改造

THE ARCHITECTURE AND LANDSCAPE RECONSTRUCTION OF REPERMANENT MODEL VILLAGE

广州美术学院 08届建筑与环境艺术设计 何苑诗

The Guangzhou Academy of Fine Arts 08 Architecture and Applied Arts Yuanshi He

指导老师：陈鸿雁 王铭

Director: Hong Yan Chen, Ge Wang

◯ 游园新语

借鉴岭南造景手法，以现代材料去演绎历史建筑构造，让绿荫下的中大模范村重新走入人们视线。打破原有封闭格局，模糊室内外界限，形成可游，可观，可思的共享景观空间。游绿荫之园，历史之园，生活之园。

Learn from Lingnan landscaping techniques, and interpretation of historic buildings constructed with modern materials to the model village under the shade re-entered the people's attention. To break the pattern of the original closed, fuzzy boundaries of indoor and outdoor, formation can travel considerable thinking shared landscape space. The shade of the garden tour, the history of the park, the garden of life.

前期分析
Project Background

设计目标
Design goals

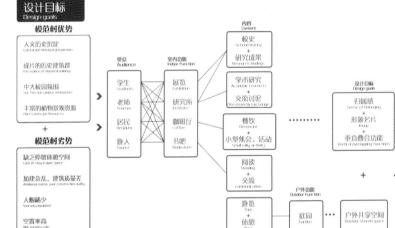

学校：广州美术学院建筑与环境艺术设计学院　　指导老师：陈鸿雁　王铬　　学生：何苑诗

◎ 模范村入口 Model village entrance

通过引导，走进模范村，首先看到的是模范村古建遗留下来的古墙装置，在被拆毁的古建原址有模范村的整体介绍。

Guide, go into the model village, first is to see is a model village ancient legacy of the ancient wall of the device, and the overall presentation of the model village was demolished the ancient site.

概念生成
Concept generation

学校：广州美术学院建筑与环境艺术设计学院　　指导老师：陈鸿雁　王铬　学生：何苑诗

游廊 Veranda
步入校史馆，漫步于三个展馆，感受不同时期的中大变迁。

Entered the History Museum, feel the course of centuries, walkthrough the three exhibition hall, feeling the big changes of the different periods.

造园 Gardening　　加建建筑改造 The construction of the building renovation

中国环境设计学年奖

学校：广州美术学院建筑与环境艺术设计学院　　指导老师：陈鸿雁　王铬　　学生：何苑诗

◎ 亭台水榭 Waterside pavilions

藏于林荫之中的亭台水榭，以现代手法重新构筑传统岭南园景。赋古建予新意，通透的景观感受，变化丰富的视线，从新的角度去解读中大百年建筑。

Hidden among the tree-lined waterside pavilions, modern style to re-build the traditionalLingnan landscaping. Fu ancient to the new, transparent feel of the landscape, varied line of sight from a new angle to interpret the Zhongshan University century building.

1. 再造······亭台水榭
Recycling······Waterside pavilions

手法
Technique

加入亭台水榭，提供丰富游园和展览空间，并可使客客从多个高度观景。

改造后
after

学校：清华大学美术学院　　指导老师：方晓风　　学生：马瑞捷

浮云下的城市生机

城市公共空间的时间性——奥体公园设计改造

清华大学美术学院景观设计　　马瑞捷
lndllm622@sina.com　15120002529

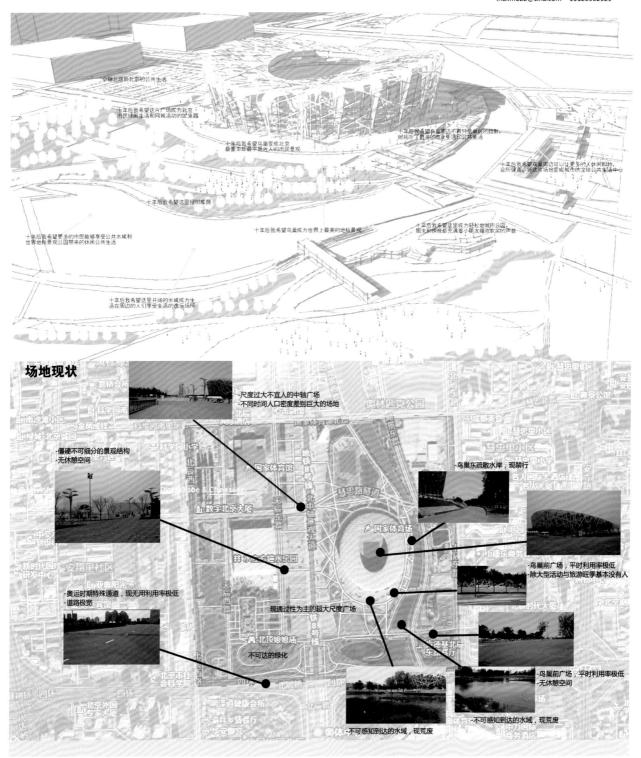

场地现状

学校：清华大学美术学院　　指导老师：方晓风　　学生：马瑞捷

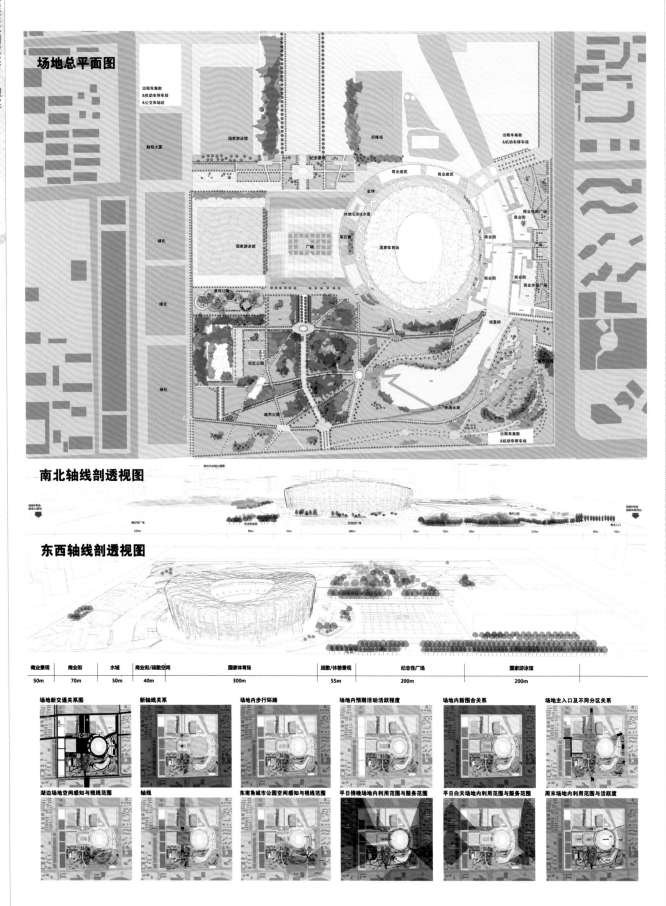

学校：清华大学美术学院   指导老师：方晓风   学生：马瑞捷

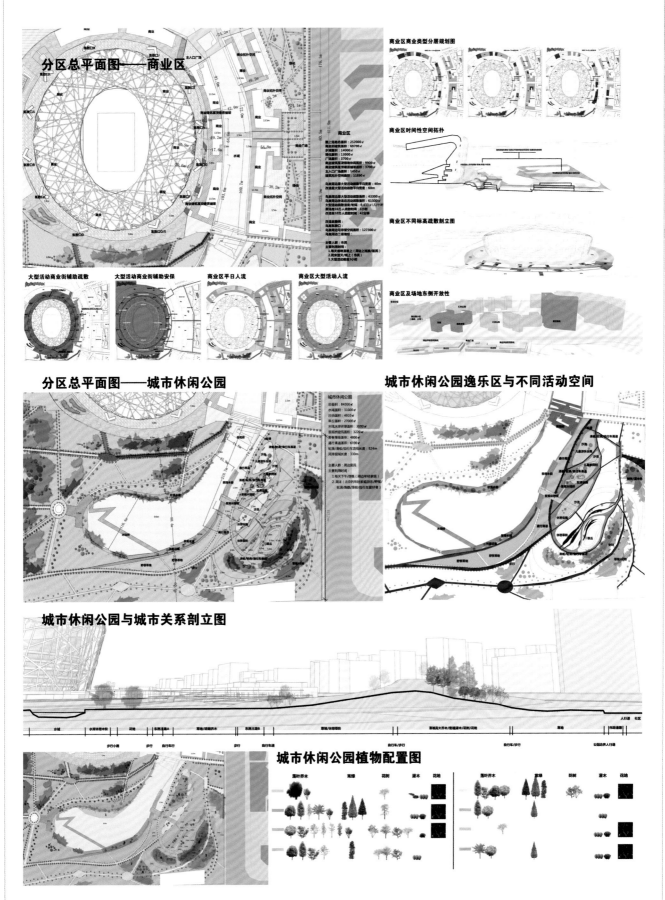

分区总平面图——商业区

商业区商业类型分层规划图

商业区时间性空间拓扑

商业区不同标高疏散剖立图

商业区及场地东侧开放性

大型活动商业街辅助疏散

大型活动商业街辅助安保

商业区平日人流

商业区大型活动人流

分区总平面图——城市休闲公园

城市休闲公园逸乐区与不同活动空间

城市休闲公园与城市关系剖立图

城市休闲公园植物配置图

学校：西安美术学院建筑环境艺术系　　指导老师：孙鸣春　　学生：卢双涛　何沁　顾强　徐蒲　胡渊博

点评：作品通过对生态酒店的改造设计旨在解决西安地区缺水干旱的问题，体现了生态性与地域人文性和可持续性的特征，设计中充分利用水循环的理念贯穿于整体景观之中，地源热泵与浮力通风等生态技术充分体现了生态性的原则，具有一定现实意义。成果表现技能纯熟，图面艺术效果生动且具有一定感染力，方案内容表述基本清晰，图文比例得当、色彩搭配协调优美，较好地解决了理念与实体形态结合，概念分析空间表达不错。不足之处是分析层面太多，解决的重点问题不够突出。

学校：西安美术学院建筑环境艺术系　　指导老师：孙鸣春　　学生：卢双涛　何沁　顾强　徐蒲　胡渊博

Breath
呼吸

中国环境艺术设计学年奖 2012

生态酒店设计在北方环境下可行性探究

The Feasibility of Eco-hotel in Northern region

通过本次设计我们希望能够解决到如下几个问题：1在建国版四为酒店的北方环境下节水循环的运用，改善西安特定区域表的北方水土干旱城市传统而均衡水收集利用
2将酒店外部停车场改为开放式内区的城市停地，协调人、城市与自然三者关系，所有功能穿至在一部
3所有的屋露富顶次为自然和半人工绿色屋顶，收集雨水改善酒店小气候，起到生态酒店的针对作用
4通过生态栈道形成酒店特有的呼吸链条，作为建筑与环境间拥有的灰空间，拉近人与自然关系，在外围公共呼吸链条中将八诸多小栈连以便人更好的酒含生态舒适性
5愈揽居有哲理与诗意的传统人居理念，并将对生态的患者注入每一处实体设计之中，让生态斯新融入城市生活，唤醒人内心柔软的悸动

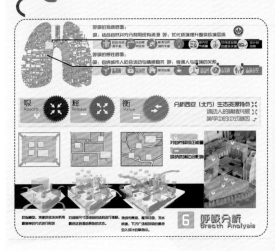

吸 Absorb　释 Release　衡 Value　分析西安（北方）生态差异特点

6 呼吸分析
Breath Analysis

7 手绘鸟瞰
Bird-eye sketch

8 演变过程
Breath Analysis

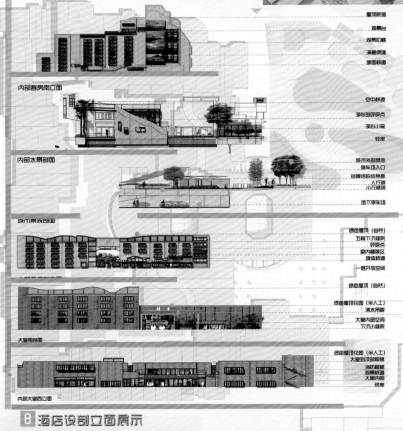

内部客房南立面

内部水景剖面

城市景观剖面

大堂南剖面

内部大堂西立面

8 酒店设剖立面展示

初始模型，将建筑体块关系用最简单的方式进行构筑

对细部尺寸及细部的结构进行推敲，最终达到酒店原始的状态。

将城市景观、屋顶花园、流水栈道、下沉广场和呼吸的概念引入设计的案例中。

通过对景观的绿化，周边环境的塑造，达到设计的最终目的。

学校：西安美术学院建筑环境艺术系　　指导老师：孙鸣春　　学生：卢双涛　何沁　顾强　徐蒲　胡渊博

中国环境艺术设计学年奖 2012

生态酒店设计在北方环境下可行性探究·

The Feasibility of Eco-hotel in Northern region

Breath 呼吸

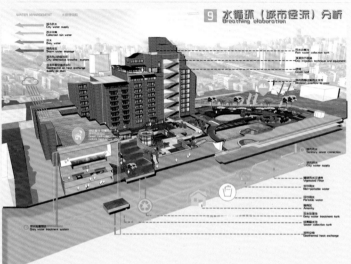

9 水循环（城市径流）分析
Breathing elaboration

11 呼吸栈道展示
Respiratory plank road show

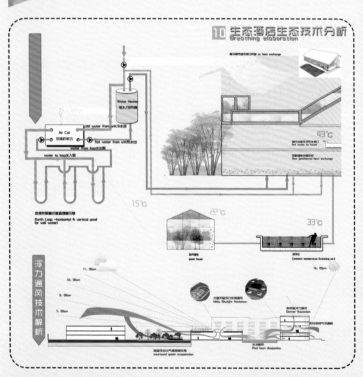

10 生态酒店生态技术分析
Breathing elaboration

浮力通风技术解析

学校：东北师范大学美术学院　　指导老师：王铁军　刘治龙　刘学文　　学生：熊磊

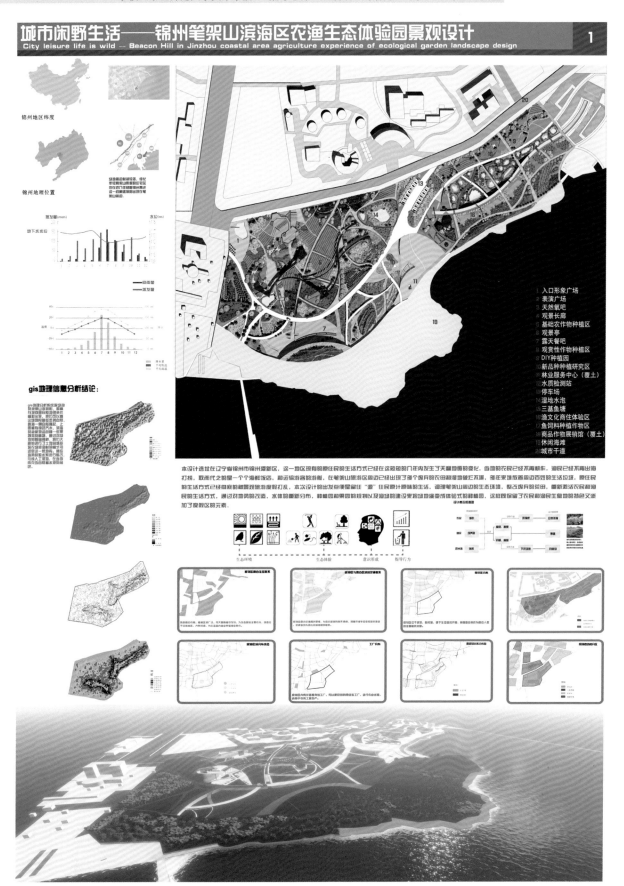

城市闲野生活——锦州笔架山滨海区农渔生态体验园景观设计

City leisure life is wild -- Beacon Hill in Jinzhou coastal area agriculture experience of ecological garden landscape design

1

点评：将视角放在工业城市的滨水新区，以全新的设计思维对亲水景观与人文环境进行概念性的全新阐释——通过设计作品，我们可以感受到他以"设、计"为态度来面对城市环境景观，处处体现其对人本精神的关怀。和谐的比例与精美的画面，体现出较好的专业素养；感性的印记与理性的思维共同成就了一个优秀的设计！

学校：东北师范大学美术学院　　指导老师：王铁军　刘治龙　刘学文　　学生：熊磊

城市闲野生活——锦州笔架山滨海区农渔生态体验园景观设计

City leisure life is wild — Beacon Hill in Jinzhou coastal area agriculture experience of ecological garden landscape design

2

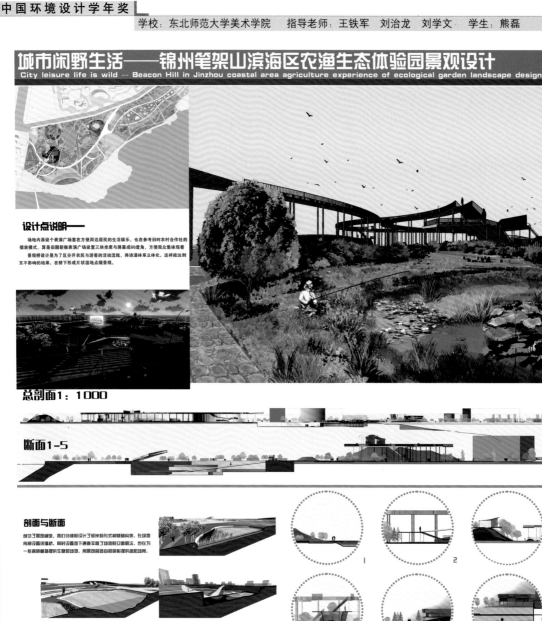

设计点说明——

场地内添设个表演广场意在方便周边居民的生活娱乐，也在参考旧时农村合作社的播放模式，算是旧翻新做表演广场设置三块坐席与屏幕成60度角，方便观众集体观看

景观桥设计是为了区分开农民与游客的活动流线，将浇灌体系立体化，这样能达到互不影响的结果，在桥下成片状湿地点缀阳景观。

总剖面1：1000

断面1-5

剖面与断面

剖面与断面的设计

都市闲野生活——锦州笔架山滨海新区城市农渔生态体验园景观概念设计

Urban leisure wild life – Jinzhou Beacon Hill coastal city of Agriculture, Fisheries and eco-experience park

学校：东北师范大学美术学院　　指导老师：王铁军　刘治龙　刘学文　　学生：熊磊

城市闲野生活——锦州笔架山滨海区农渔生态体验园景观设计
City leisure life is wild -- Beacon Hill in Jinzhou coastal area agriculture experience of ecological garden landscape design

4

浇灌桥效果图

景观桥效果图

剖面

景观桥效果图

景观桥节点：

景观桥分层设计达到立体浇灌的目的，首先将旅客和农民的活动流线相区分，这样达到了互不影响的结果，在基础农作区，原有的生活作息习性，在景观节点上设置构置物形成景观廊道。

浇灌体系的建立是在景观桥的交通流线的基础上设置的，景观桥最高处3.8米，从最高处向地处设有缓缓地下坡，两遍栏杆扶手1.7米，景观桥的主要材质建议采用锈化铁板，盘旋在农作区上方，在地面上形成了自然地绿茵，在景观桥节点处都没有竖向交通的体系，方便旅客和农民走入农耕区。

日照分析

通过对建筑的日照分析，我们可以看到建筑外表面的日照分布。水质分析站前太阳能设施使用以通过日照来设置，新型式建筑形成内部内房内的绿色分析，建筑屋顶绿化的种植以及亮明暗分布。水质监测站坐落在农耕区和渔民村的交界处，作用是在水质的交融循环使用和处理中起到着至天重要的作用，它的内部使用功能复合意象着提景观场地加入的景观要水，如在用浇灌水以及浩作中水，然后再向渔民村作区域细端，用于美观、灌溉、农用浇灌的次级水质，这个观测站也在给景着整个浇灌水质，这个建筑提所也在起到着一定的科普教育功能，要让游客更能体会浇灌，林区水体的保护利用作用。

水质监测站效果图

水质监测站效果图

学校：广州美术学院建筑与环境艺术设计学院　　指导老师：陈鸿雁　王铭　　学生：许诺

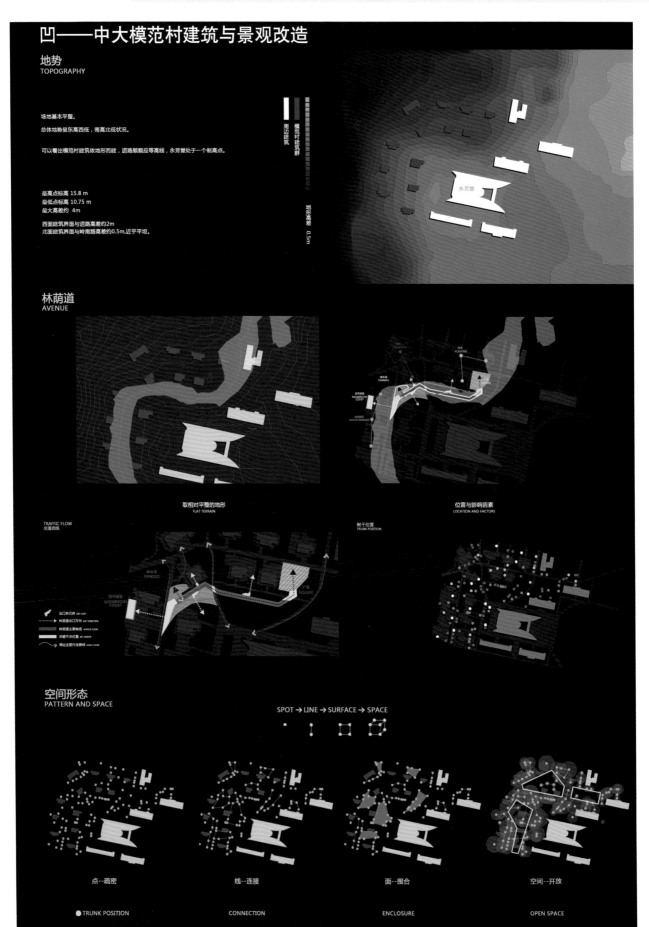

凹——中大模范村建筑与景观改造

地势
TOPOGRAPHY

场地基本平整。

总体地势呈东高西低，南高北低状况。

可以看出模范村建筑依地形而建，道路顺应等高线，永芳堂处于一个制高点。

最高点标高 15.8 m
最低点标高 10.75 m
最大高差约 4m

西面建筑界面与道路高差约2m
北面建筑界面与岭南路高差约0.5m，近乎平坦。

周边建筑

模范村建筑群

地形高差 0.5m

永芳堂

林荫道
AVENUE

取相对平整的地形
FLAT TERRAIN

位置与影响因素
LOCATION AND FACTORS

TRAFFIC FLOW
交通流线

树干位置
TRUNK POSITION

停车场
PARKING

广场
SQUARE

羽毛球场
BADMINTON COURT

出口单元体 EXIT UNIT
林荫道出口方向 EXIT DIRECTION
林荫道主要轴线 AVENUE FLOW
关键节点位置 KEY POINTS
周边主要行走路线 MAIN FLOWS

学院 ACADEMIC

停车场 PARKING

羽毛球场 BADMINTON COURT

娱乐 ENTERTAINMENT

空间形态
PATTERN AND SPACE

SPOT → LINE → SURFACE → SPACE

点--疏密　　　　　　　线--连接　　　　　　　面--围合　　　　　　　空间--开放

● TRUNK POSITION　　　　　CONNECTION　　　　　ENCLOSURE　　　　　OPEN SPACE

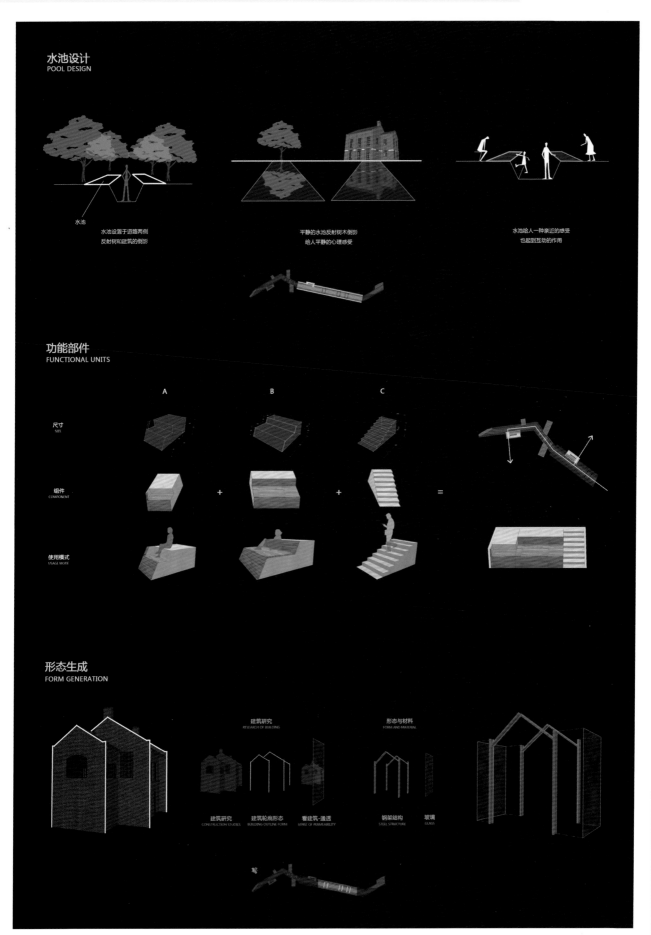

学校：广州美术学院建筑与环境艺术设计学院　　指导老师：陈鸿雁　王铬　　学生：许诺

水池设计
POOL DESIGN

水池

水池设置于道路两侧
反射树和建筑的倒影

平静的水池反射树木倒影
给人平静的心理感受

水池给人一种亲近的感受
也起到互动的作用

功能部件
FUNCTIONAL UNITS

A　　　　　B　　　　　C

尺寸
SIZE

组件
COMPONENT

使用模式
USAGE MODE

形态生成
FORM GENERATION

建筑研究
RESEARCH OF BUILDING

形态与材料
FORM AND MATERIAL

建筑研究
CONSTRUCTION STUDIES

建筑轮廓形态
BUILDING OUTLINE FORM

看建筑-通透
SENSE OF PERMEABILITY

钢架结构
STEEL STRUCTURE

玻璃
GLASS

学校：广州美术学院建筑与环境艺术设计学院　　指导老师：陈鸿雁　王铭　　学生：许诺

效果图
RENDERING

效果图
RENDERING

效果图
RENDERING

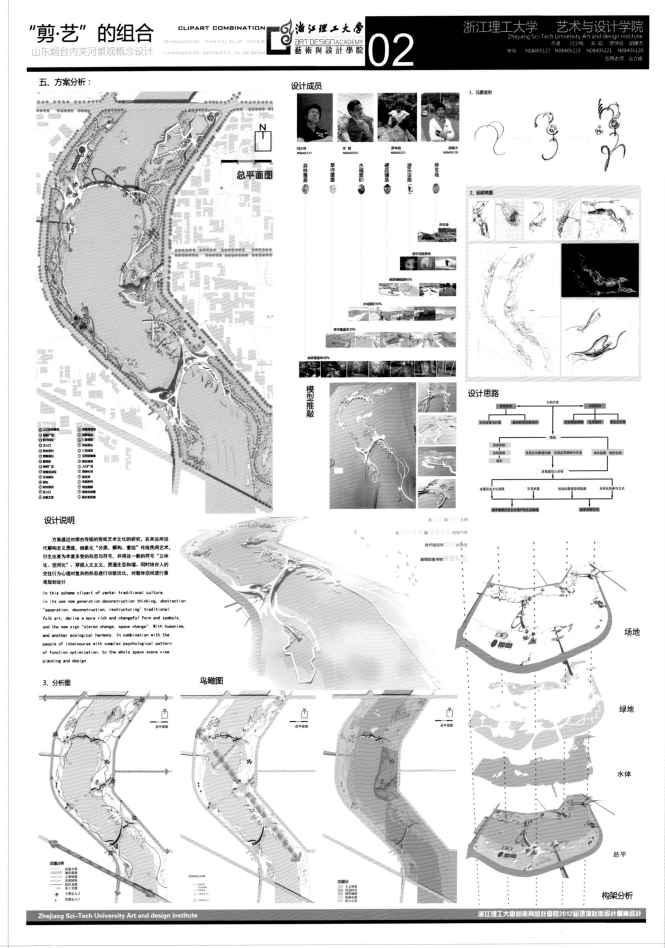

学校：浙江理工大学艺术与设计学院环境艺术设计系　指导老师：吉立峰　学生：闫少伟　宋韬　罗坤良　胡建杰

"剪·艺"的组合
山东烟台内夹河景观概念设计

CLIPART COMBINATION
SHANDONG YANTAI CLIP RIVER
LANDSCAPE CONCEPT IN DESIGN

浙江理工大学
艺术与设计学院

02

浙江理工大学　艺术与设计学院
Zhejiang Sci-Tech University Art and design institute
作者：闫少伟　宋韬　罗坤良　胡建杰
学号：N08405127　N08405223　N08405221　N08405120
指导老师：吉立峰

五、方案分析：

总平面图

设计成员

1. 元素变形

2. 前期草图

模型推敲

设计思路

设计说明

　　方案通过对烟台传统的剪纸艺术文化的研究，在其运用现代解构主义思维，抽象化"分离、解构、重组"传统民间艺术，衍生出更为丰富多变的形态与符号，并将这一新的符号"立体化、空间化"，穿插人文主义，贯通生态和谐。同时结合人的交往行为心理对复杂的形态进行功能优化，对整体空间进行景观规划设计

In this scheme clipart of yantai traditional culture, in its use now generation deconstruction thinking, abstraction "separation, deconstruction, restructuring" traditional folk art, derive a more rich and changeful form and symbols, and the new sign "stereo change, space change". With humanism, and another ecological harmony. In combination with the people of intercourse with complex psychological pattern of function optimization, to the whole space scene view planning and design

3、分析图

鸟瞰图

场地

绿地

水体

总平

构架分析

交通分析

功能分

学校：西安美术学院建筑环境艺术系　　指导老师：孙鸣春　　学生：李万强　张涛　高凌宏　李莹璐　李晶

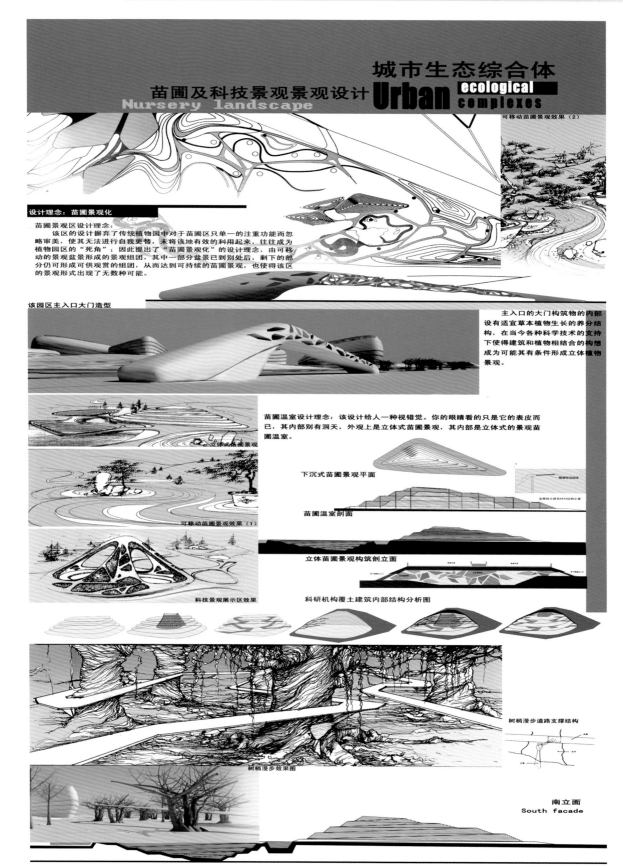

城市生态综合体
苗圃及科技景观景观设计
Nursery landscape
Urban ecological complexes

可移动苗圃景观效果（2）

设计理念：苗圃景观化

苗圃景观区设计理念：
略该区的设计摒弃了传统植物园中对于苗圃区只单一的注重功能而忽略审美，使其无法进行自我更替，未将该地有效的利用起来，往往成为植物园区的"死角"；因此提出了"苗圃景观化"的设计理念，由可移动的景观盆景形成的景观组团，其中一部分盆景已到别处后，剩下的部分仍可形成可供观赏的组团，从而达到可持续的苗圃景观，也使得该区的景观形式出现了无数种可能。

该园区主入口大门造型

主入口的大门构筑物的内部设有适宜草本植物生长的养分结构，在当今各种科学技术的支持下使得建筑和植物相结合的构想成为可能其有条件形成立体植物景观。

立体苗圃景观效果

苗圃温室设计理念：该设计给人一种视错觉。你的眼睛看的只是它的表皮而已，其内部别有洞天，外观上是立体式苗圃景观，其内部是立体式的景观苗圃温室。

可移动苗圃景观效果（1）

下沉式苗圃景观平面

苗圃温室剖面

立体苗圃景观构筑剖立面

科技景观展示区效果

科研机构覆土建筑内部结构分析图

树梢漫步道路支撑结构

树梢漫步效果图

南立面
South facade

点评： 该植物园的设计打破了传统园林式的景观布局。表现形式上大胆采用了曲线和直线，"河岸＋曲线"，"河道＋直线"，极具张力的搭配使得整个园区显得充满创意和活力，给观者带来更为丰富的视觉体验。景观空间结构和布局较为合理，场地分析清晰明确，概念生成具有一定的逻辑性，整体景观设计元素统一，设计构思与景观元素紧密联系，具有一定的创意性和针对性，展板整体布局合理，文字简洁明了，整体色调和谐，布局合理，是一个不错的景观设计方案。

学校：云南大学艺术与设计学院环境艺术设计系　　指导老师：胡悦　　学生：杨知达　涂亚军

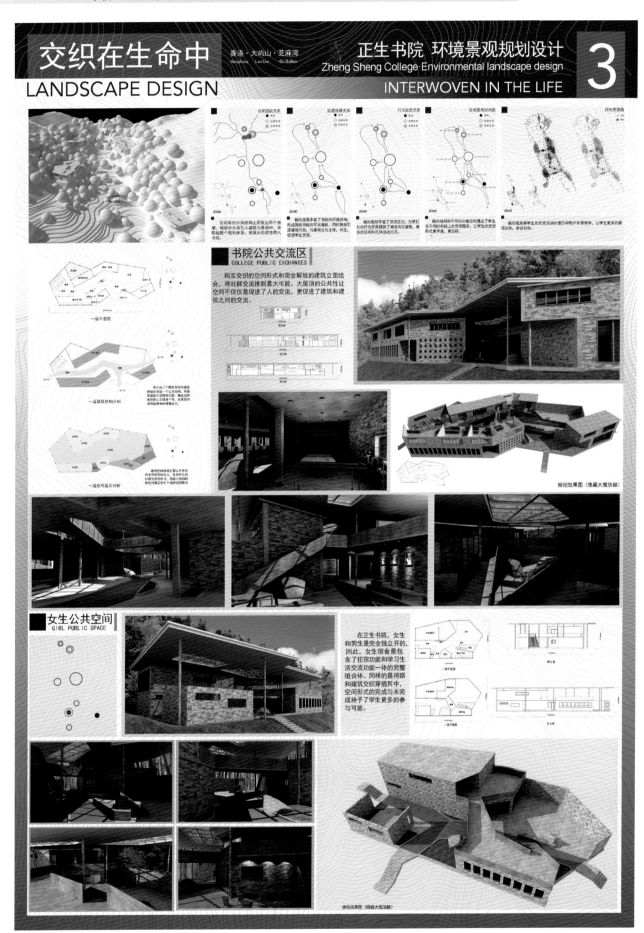

交织在生命中
香港·大屿山·芝麻湾
HongKong　LanTou　ChiMaWan

LANDSCAPE DESIGN

正生书院 环境景观规划设计
Zheng Sheng College·Environmental landscape design

INTERWOVEN IN THE LIFE

3

书院公共交流区
COLLEGE PUBLIC EXCHANGES

相互交织的空间形式和完全解放的建筑立面组合，将社群交流推到最大可能。大屋顶的公共性让空间不仅仅是促进了人的交流，更促进了建筑和建筑之间的交流。

俯视效果图（隐藏大屋顶顶棚）

女生公共空间
GIRL PUBLIC SPACE

在正生书院，女生和男生是完全独立开的，因此，女生宿舍是包含了住宿功能和学习生活交流功能一体的完整组合体，同样的是将路和建筑交织穿插其中，空间形式的完成与未完成给予了学生更多的参与可能。

俯视效果图（隐藏大屋顶顶棚）

学校：上海理工大学出版印刷与艺术设计学院　指导老师：王占柱　学生：刘斌　周林　张永庭　陈同飞

上海理工大学出版印刷与艺术设计学院
University of Shanghai for Science and Technology

设计：刘斌　周林　张永庭　陈同飞　　指导老师：王占柱

绿之道----------崇明新城前湖景观规划概念设计

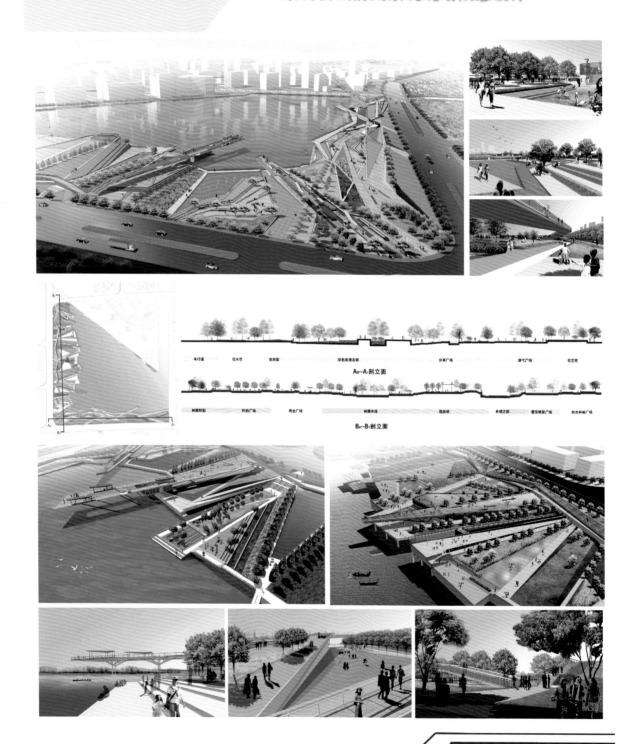

点评：方案根据基地的实际情况，进行有效的分析和解决，提出了明确的解决方法；整体设计对主体和细节都有较为深入的思考和表现，设计手法简洁，空间布局合理，结构关系明确，尺度把握得当，对于生态环境和人类活动相互影响、相互牵制的问题有一定的针对性，对当下城市滨水景观设计起到了良好的启示作用；同时设计表达效果较好，形式感较强，整体图面效果完整。

学校：四川美术学院设计艺术学院　　指导老师：余毅　　学生：朱姝婧

乐途

——花溪河散步道公园景观设计

设计范围及周边环境
Design range and surrounding environment

- 学校
- 疗养院
- 阳光温泉度假村
- 南泉正街
- 周边居住区

全景鸟瞰图

本案设计范围

设计思路：

本设计方案为花溪河散步道公园景观设计，在设计中尊重原有地形地貌，依山伴水塑建筑及景观要素与地形自然有机结合，使之融为一体，形成整体、自然和谐的景观环境。公园内种植了大量当地植物，包括如草、野花、灌木丛和树木，以此来为度假区水生和陆生的动植物创造一个憩息地。近年来，市民对户外的交往、休闲、娱乐、健身等活动热情高涨。走向大自然的需求日益强劲。而散步道公园连接着周边的道、居住区、学校、疗养中心等，处于中心地带。总将会级引周边大量居民和就职人员。将延展曲折的滨河散步道连接着公园内各景观节点，集步行健身、餐饮娱乐、休闲观景于一体的户外公共活动空间，成为周边居民及外来游客参观赏的休闲胜地。

4 观景视线
SCENIC VIEW

- 贯穿观景视线
- 一级观景视线
- 二级观景视线
- 三级观景视线

■ 利用高低落差调节观景视线

■ 利用植物种植调节观景视线

■ 季节变化带来的视觉感受

眺望观景台

观景阶梯坡道

亲水平台

绿荫休闲廊道
Green recreation corridor

水帘瀑布

眺望观景台

根据现有地形地貌条件，将整个散步道公园主要分为三个高度，因此观景视线分为三个层次。最高层主要作为眺望型个散步道公园，眺望花溪河对岸风景的重要平台；中间层主要用于连接各个景观节点，但是游人步行活动体验度为频繁的区域；最下层是更多的浅层的人亲水的视觉及触觉体验，让人们更亲近自然，融于自然。在总体观视线的组织下，本案中运用各种植物对游人进行观视线上的引导，将人的行为方式融入本案设计中。

学校：天津大学仁爱学院建筑系　　指导老师：宋伯年　　学生：毕晓锋

平原上的白色风车 —— 天津城市门户公园景观规划设计

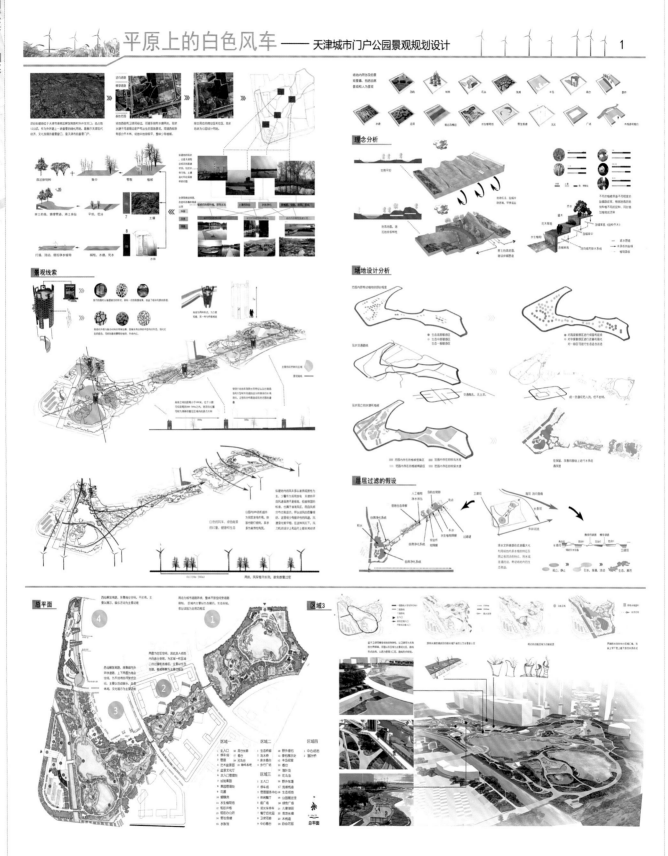

理念分析

景观线索

场地设计分析

层层过滤的假设

总平面

区域3

学校：北京林业大学材料科学与技术学院艺术设计系　　指导老师：刘冠　兰超　陈子丰　　学生：冯天成　李志　张娴

回•逸——北京三里屯文化园区毕业设计方案

北京林业大学 艺设08级 作者：冯天成、李志、张娴　　指导教师：刘冠、兰超、陈子丰 **01**

设计题目中，"回"寓意着"回归""回圆（环绕）"，象征着从城市中回归自然；"逸"寓意着"安逸""逃逸"，象征着互相"逃离"，可以理解为"自然生活"与"都市繁忙"的相互转换。"回•逸"同音于"回忆"表示对传统诗意生活的回想。

本设计以三里屯某场地作为原型，进行重新规划，使园区与三里屯周边的现代风格产生对比，尽显现代都市早已失去的"苍茫""自然""诗意"之感。中国虽不乏崇尚自然的建筑、景观，但他们大都位于非繁华地段，在一座城市商业最繁华的地段，到处充斥着光与反射的"棱角"，我们想把传统重"温软""苍劲"的感觉引入到都市之中，让人在工作之余有一片自己的心灵净土。

序

诗意的栖居

仅当人是在诗化地承纳尺规之意义上筑居之时，他方可使筑居为筑居。

而仅当诗人出现，为人之栖居的构建、为栖居之结构而承纳尺规之时，这种本原意义的筑居才能产生。

——海德格尔《人，诗意地栖居》

What？

什么是"诗意的栖居"？

不管何时何地，只要有人，只要有人的生命活动以及人的生命的创造，并且在生命活动中有所品味，就必然产生"诗意的栖居"。

Why？

为什么需要"诗意的栖居"？

人需要诗意，人只有在诗意中才能真正的存在。

城市问题 Urban Problem

＞城市现状

近几年来，随着城市化的推进，人们的生活方式变得快捷的同时，也带来了人性危机，环境危机，文化危机等一系列问题。科学技术把人们置于"水泥森林"的困境中，人性在"森林"中不断缺失。城市已让人忘记了传统的生活方式与文化。

＞设计目的

以三里屯某场地为原型，进行重新规划，使园区与三里屯周边的现代风格产生对比，尽显现代都市早已失去的"苍茫""自然""诗意"之感。

	山水画 Landscape	立体化 Three-dimensional		
	园林 Garden			
自然 Natural	天然 Natural	人工少 Artificial less		
	尺度 Scale		小 Small	城市诗意景观 City poetic landscape
诗意 Poetry				
人性 Human		人体工程 Ergonomic		
	舒适度 Comfort			
	交通流线 Traffic line			

提出概念 the Concept

＞灵感来源：丹尼尔•里希特 Daniel Richter

本方案灵感主要来源于德国画家丹尼尔•里希特 Daniel Richter的绘画作品。该作品气势逼人，以线的形式表现出山脉的走势，线的排列交相错落，富有的律感，并且与旁边的两个人的尺度相近，因此本方案想在将山脉引入到城市景观，显示出诗意之感。

＞设计尺度：尊重人的尺度

北固楼高度仅为泰山的三十分之一，但被世人传诵为"天下第一江山"。正是因为它的尺度以及开阔的视野，人置身其中感受到的并不是自身的渺小，而是人"指点江山"的伟大，由此可见尺度对人的感受是有微妙的影响的。

青木川的石头常年受到雨水的冲刷，显示出的自然纹理尽显石头的诗意。

点评：在理论方面，主创人员以海德格尔《诗意的栖居》作为指导；在形式方面，借鉴了德国当代画家丹尼尔•李希特的表现语言，展开创意的翅膀，将传统写意山水转化为现实的空间，从而塑造了"城市山林"式的场地景观，并在其中实践了充满诗意的设计理想。

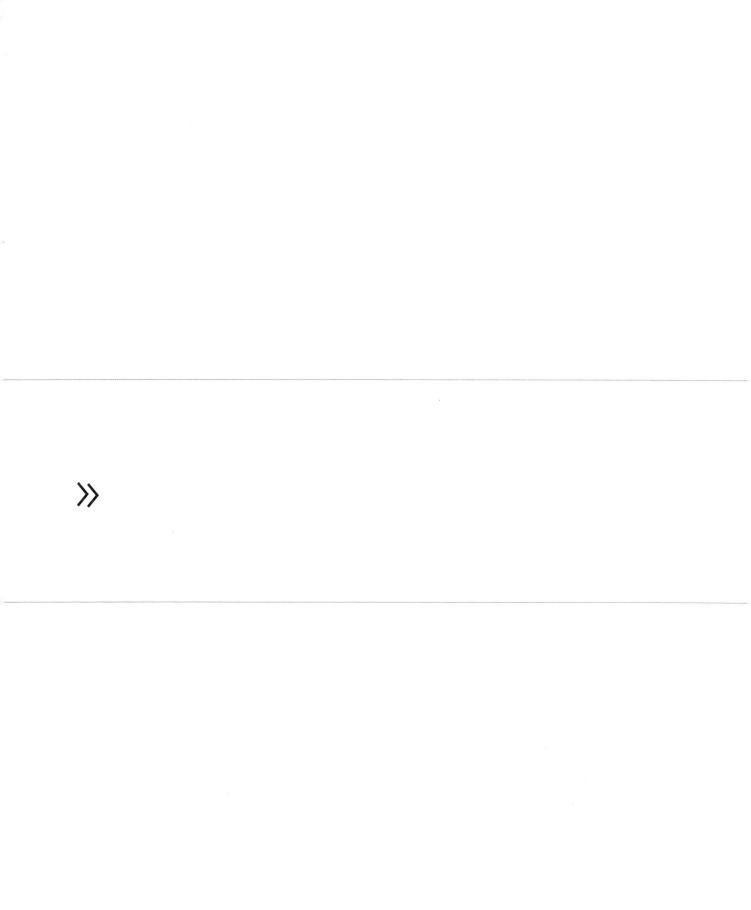

光与空间

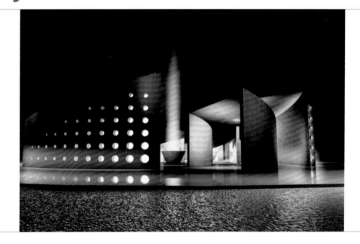

学校：同济大学建筑与城市规划学院建筑系　　指导老师：林怡　　学生：崔沐晗　李恒晔　张蓓蕾　吴熠丰　谢盛
蒋文茜　徐樱嘉　戴欣旸　马沙里

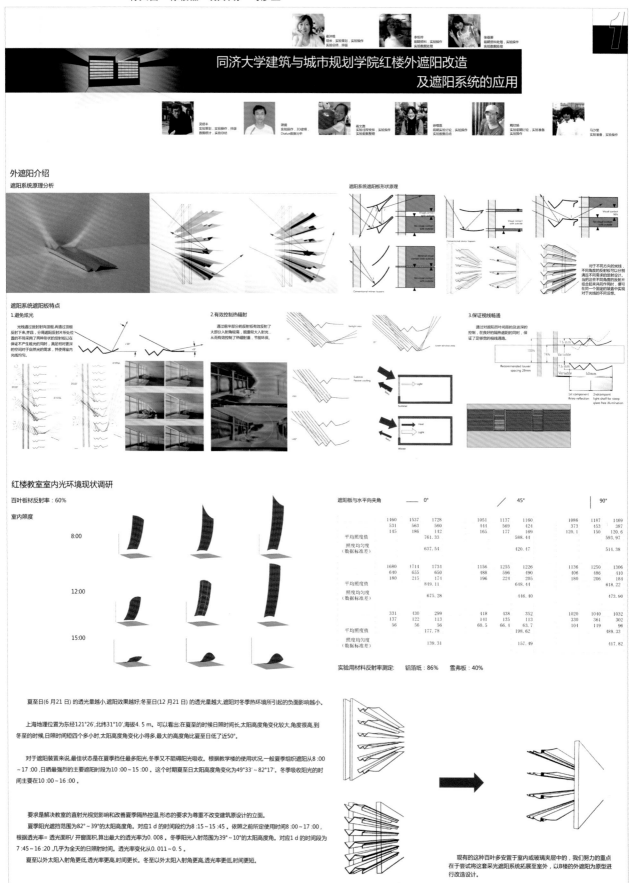

同济大学建筑与城市规划学院红楼外遮阳改造及遮阳系统的应用

外遮阳介绍

遮阳系统原理分析

遮阳系统遮阳板形状原理

遮阳系统遮阳板特点

1. 避免眩光

2. 有效控制热辐射

3. 保证视线畅通

红楼教室室内光环境现状调研

百叶板材反射率：60%

室内照度

	遮阳板与水平向夹角	0°			45°			90°		
		1460	1537	1728	1051	1137	1160	1086	1187	1169
		531	563	560	444	569	424	373	453	387
		145	186	142	165	177	169	120.1	150	120.6
平均照度值			761.33			588.44			593.97	
照度均匀度（数据标准差）			637.54			420.47			514.38	
		1680	1714	1731	1156	1255	1226	1136	1250	1306
		640	655	650	488	596	490	406	486	410
		180	215	174	196	224	205	180	206	184
平均照度值			849.11			648.44			618.22	
照度均匀度（数据标准差）			675.28			446.40			473.90	
		331	430	299	418	438	352	1020	1010	1032
		137	122	113	141	135	113	330	361	302
		56	56	56	60.5	66.4	63.7	104	119	96
平均照度值			177.78			198.62			489.33	
照度均匀度（数据标准差）			139.31			157.49			417.82	

8:00

12:00

15:00

实验用材料反射率测定：　铝箔纸：86%　雪弗板：40%

夏至日(6月21日)的透光量越小,遮阳效果越好;冬至日(12月21日)的透光量越大,遮阳对冬季热环境所引起的负面影响越小。

上海地理位置为东经121°26',北纬31°10',海拔4.5 m。可以看出:在夏至的时候日照时间长,太阳高度角变化较大,角度很高,到冬至的时候,日照时间短四个多小时,太阳高度角变化小得多,最大的高度角比夏至日低了近50°。

对于遮阳装置来说,最佳状态是在夏季挡住最多阳光,冬季又不阻碍阳光吸收。根据教学楼的使用状况一般夏季组织遮阳从8:00～17:00,日晒最强烈的主要遮阳时间为10:00～15:00。这个时期夏至太阳高度角变化为49°33'～82°17'。冬季吸收阳光的时间主要在10:00～16:00。

要求是解决教室的直射光视觉影响和改善夏季隔热控温,形态的要求为尊重不改变建筑原设计的立面。
夏季阳光遮挡范围为82°～39°的太阳高度角。对应1 d的时间段约为8:15～15:45。依照之前所定使用时间8:00～17:00,根据透光率＝透光面积/开窗面积,算出最大的透光率为0.008。冬季阳光入射范围为39°～10°的太阳高度角。对应1 d的时间段为7:45～16:20,几乎为全天的日照射时间。透光率变化从0.011～0.5。

夏至以外太阳入射角更低,透光率更高,时间更长。冬至以外太阳入射角更高,透光率更低,时间更短。

现有的这种百叶多安置于室内或玻璃夹层中的,我们努力的重点在于尝试将这套采光遮阳系统拓展到室外,以B楼的外遮阳系统为原型进行改造设计。

学校：同济大学建筑与城市规划学院建筑系　　指导老师：林怡　　学生：崔沐晗　李恒晔　张蓓蕾　吴熠丰　谢盛
蒋文茜　徐樱嘉　戴欣旸　马沙里

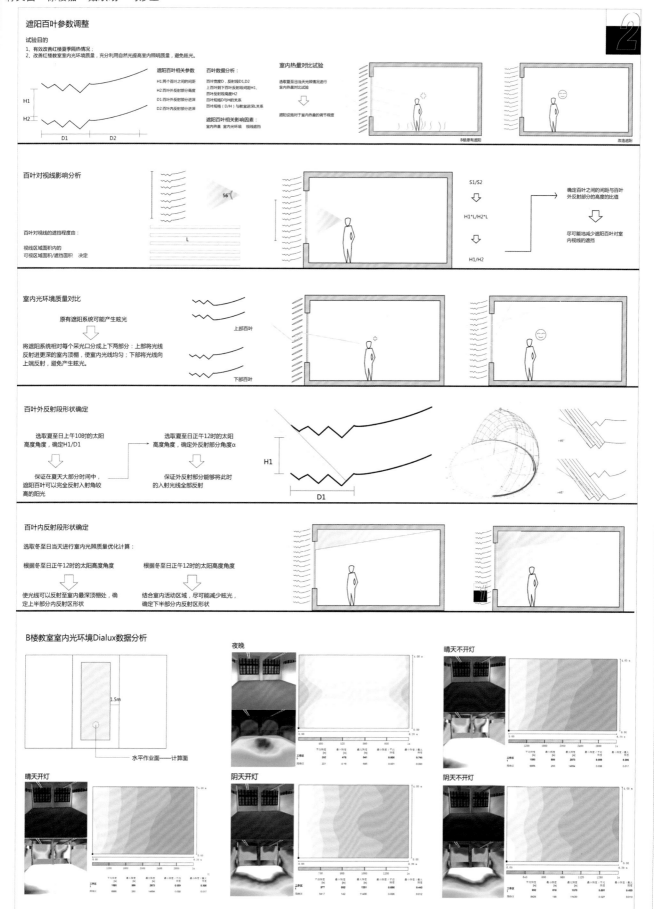

学校：同济大学建筑与城市规划学院建筑系　　指导老师：林怡　　学生：崔沐晗　李恒晔　张蓓蕾　吴熠丰　谢盛　蒋文茜　徐樱嘉　戴欣旸　马沙里

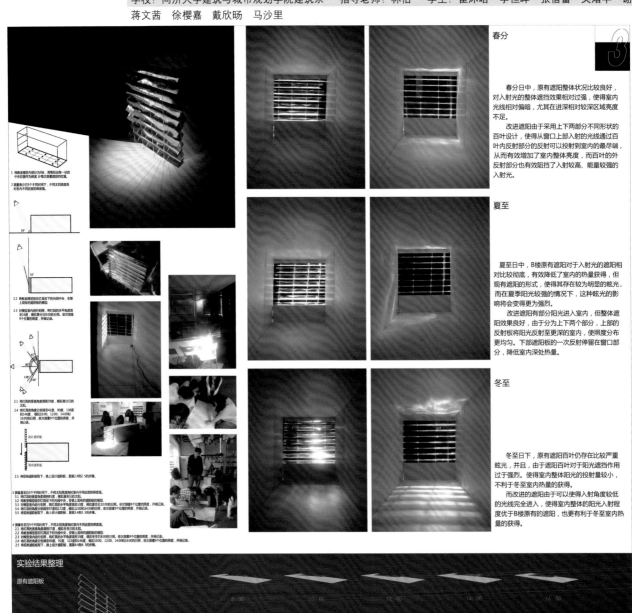

春分

春分日中，原有遮阳整体状况比较良好，对入射光的整体遮挡效果相对过强，使得室内光线相对偏暗，尤其在进深相对较深区域亮度不足。

改进遮阳由于采用上下两部分不同形状的百叶设计，使得从窗口上部入射的光线通过百叶内反射部分的反射可以投射到室内的最尽端，从而有效增加了室内整体亮度，而百叶的外反射部分也有效遮挡了入射较高、能量较强的入射光。

夏至

夏至日中，B楼原有遮阳对于入射光的遮阳相对比较彻底，有效降低了室内的热量获得，但现有遮阳的形式，使得其存在较为明显的眩光，而在夏季阳光较强的情况下，这种眩光的影响将会变得更为强烈。

改进遮阳有部分阳光进入室内，但整体遮阳效果良好，由于分为上下两个部分，上部的反射板将阳光反射至更深的室内，使照度分布更均匀。下部遮阳板的一次反射停留在窗口部分，降低室内深处热量。

冬至

冬至日下，原有遮阳百叶仍存在比较严重眩光，并且，由于遮阳百叶对于阳光遮挡作用过于强烈。使得室内整体阳光的投射量较小，不利于冬至室内热量的获得。

而改进的遮阳由于可以使得入射角度较低的光线完全进入，使得其整体的阳光入射程度优于B楼原有的遮阳，也更有利于冬至室内热量的获得。

实验结果整理

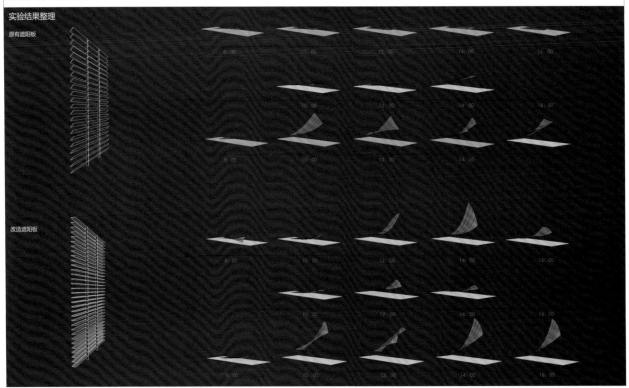

学校：同济大学建筑与城市规划学院建筑系　　指导老师：林怡　　学生：崔沐晗　李恒晔　张蓓蕾　吴熠丰　谢盛
蒋文茜　徐樱嘉　戴欣旸　马沙里

试验分析总结

原有遮阳百页　　　　　　　改进遮阳百页

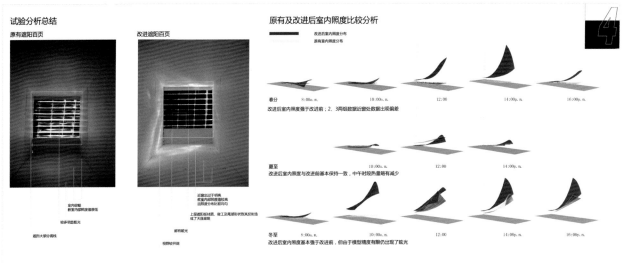

室内过暗
教室内部照度偏低

较多眩光刺眼光线

遮挡大部分视线

近窗处出现了明亮
教室内部照度偏高
且照度分布比较均匀

眩有眩光

视野得以开阔

原有及改进后室内照度比较分析

改进后室内照度分布
原有室内照度分布

春分　8:00a.m.　10:00a.m.　12:00　14:00p.m.　16:00p.m.
改进后室内照度强于改进前；2、3两组数据近窗处数据出现偏差

夏至　10:00a.m.　12:00　14:00p.m.
改进后室内照度与改进前基本保持一致，中午时段热量略有减少

冬至　8:00a.m.　10:00a.m.　12:00　14:00p.m.　16:00p.m.
改进后室内照度基本强于改进前，但由于模型精度有限引出现了眩光

具体数据及统计结果

室内光环境模拟统计方法图例

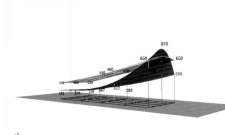

照度均匀度计算公式

$$\sigma = \sqrt{\frac{1}{N}\sum_{i=1}^{N}(x_i - \mu)^2}$$

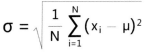

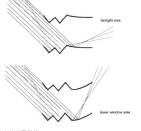

fanlight area

lower window area

原有遮阳实验数据记录

	8:00			10:00			12:00			14:00			16:00		
春分	41	47.6	43	37.5	42	40.4	33	36	35	51	42.6	41.6	31	35	29
	28	30	28.5	27.8	30	31	22	23	24	30	25.4	45.5	20	19	17
	17.7	17	16	19	19.2	18.5	17.5	24.4	17	18	17	14.7	11	11	10
平均照度值		29.87			29.49			25.77			31.76			20.33	
照度均匀度		11.84			9.23			7.20			13.76			9.34	
夏至				65	73	65	162	179	164	70	82	75			
				42	46	44	110	117	111	57	55	51			
				25		26	24	70	64.5	61.7	29	31	27.7		
平均照度值					45.56			115.47			52.41				
照度均匀度					18.69			44.95			20.38				
冬至	66	64	68	245	310	380	160	250	360	250	333	165	319	292	272
	34	35	34	127	127.8	180	135	160	150	132	112	102	129	157.2	168
	20	20	20	72	70	65	84	99	71	60	59.5	50	67	65	68
平均照度值		40.11			175.20			163.22			140.39			170.80	
照度均匀度		20.41			113.71			90.93			95.68			100.85	

改进遮阳实验数据记录

	8:00			10:00			12:00			14:00			16:00		
春分	65	80	90	48.7	66	112	272	340	380	506	409	206	209	197	125
	35.5	34.5	33.8	24	25.5	26.7	105	121	113	140	108	92	67	66	62
	19	19.4	16.6	16.6	15.4	14.5	56	62	62	58	57	51	32	33	30
平均照度值		43.94			38.82			167.89			180.78			91.22	
照度均匀度		27.41			32.34			127.26			166.05			69.75	
夏至				55.5	87	56	138	205	109	70	136	76			
				28.8	32	36.7	61	68	60	50.3	46.4	41			
				15.6	17.6	18.3	38	31	60	25.9	26.6	21			
平均照度值					38.63			82.67			54.80				
照度均匀度					23.59			58.04			35.93				
冬至	53	67	97	338	700	1300	230	420	390	400	345	230	531	479	332
	29	31	31	210	222	260	180	260	260	170	140	125	160	191	195
	14	14	15	128	107	104	92	88	75	76	70	64	191	93	91
平均照度值		39.00			374.33			221.67			180.00			240.33	
照度均匀度		28.28			392.55			126.79			122.08			168.49	

备注：圈出部分为图例所用数据

实验不足总结

实验中由于一些原因导致实验数据结果出现了一定的误差，导致改进遮阳的实际效果在一些方面没有达到预计效果，大致分析原因如下：

1.遮阳板使用材料反射率过大

由于考虑到实验的可操作性，在遮阳百叶的实际制作中，我们以铝箔纸代替真实状况中遮阳百叶的金属材料，以近似模拟光线的反射与折射状况。但在实验过程中我们忽略铝箔纸的反射率过大，使得通过遮阳百叶反射进室内的光线比实际有所增强，影响了室内光线分布的均匀性，并在一些室内一些部分形成了过强的反光。

图1、图2
图1：经遮阳百叶反射射入射光直接照射到墙面的石膏墙板上
图2：经遮阳百叶反射的入射光线在天花板上，在墙面边域形成明显的反光线

2.改进遮阳百叶制作存在误差，反射角度不精确

由于改进的遮阳百叶对于反射角度及计算要求高，故其实际使用现状及基本模拟地遮阳百叶制作的角度无法保证，且本手工制作的遮阳百叶误差较大的工业制品遮阳制作，使得反射的角度并不一致，使得反射进室内的控制效果依旧存在与实验中的预计效果有一定的出入，故无法很好的对体实验结果偏差中对于反射角度控制的计算验证。

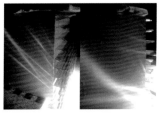

图3、图4
图3：下部遮阳百叶的反射部分光线的反射角度设计计算预期偏大，使得实际内光线入射角度基本与预期一致
图4：上部遮阳百叶的入射反射分光线入射角度基本与预期一致，不存在明显误差，与实验现象与实际符合不适。

3.改进遮阳百叶由于制作复杂，表面铝箔纸粘贴不平整，易产生光斑

在实验模型的制作中，由于铝箔纸是贴在卡纸上，之后通过弯折制成百叶的形状，因为每块带有遮阳折状双多，制作了繁，故对外射的铝箔纸影响较大，而改进的遮阳百叶由于折状较为复杂，故对铝箔纸影响较大，容易造成遮阳表面不平整，从而在实验中产生明显的光斑。

图5、图6
图5：一些特定范围内的遮阳射入射角使得靠近窗口的涂椭轮会产生明显的光斑
图6：8楼带有遮阳百叶的反射效果则状况较好

4.没有测量无遮阳状况下的室内光环境数据

在实验中由于没有测量无遮阳情况下下的室内状况，故最终只有两种遮阳之间的相互比较，无法得到无遮阳加遮阳与不遮阳遮阳之间的比较关系比较，作为最终的实验结果，有失完整性。

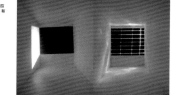

图7、图8
图7：无遮阳的室内状况
图8：有遮阳的室内状况

学校：中央美术学院继续教育学院　　指导老师：张洋　谷真真　　学生：李鑫

Time Memorial

四维 时光纪念馆

李鑫　中央美术学院继续教育学院
E-mail:364405305@qq.com
指导老师：张洋 谷真真

我的青春，镌刻在了这里，永不苍老。只有岁月，才了解我的深情。
——四维时光纪念馆

有一支笔
有一张画
有一本书
有一座建筑
有一种心情
有一些迷茫
有一点感动
有一丝犹豫
一片落叶带来忧伤
彷徨\惆怅
遥望管弦玉盘寻觅
平静
回首\思考

神说要有光
于是便有了光

设计构思 Design idea

两点构成二维空间，三点构成三维空间，再加上时间，就成了四维空间。

建筑利用光（自然光、人工光）来捕捉时间的痕迹。因为时间是变化的，所以我们的世界应该也是不确定的，这就和我们看到的肉眼世界成了矛盾。单体的不断变化形成的多样空间，也暗含着事物是不断变化的哲学道理。作者想通过纪念馆让参观者审视时间观、价值观、人生观，回忆美好、珍惜当下、憧憬回来。

纪念馆采用清水水泥板饰面，中心墙面装置了大面的镜子，镜子与镜子、镜子与实物相互作用，配合建筑本身的多入口形成有趣的思索空间。纪念馆在使参观者对时光的思考的同时，作者也希望通过光作用形成的光环境来展现艺术之美，引导大家追求美好。

建筑分析 Building analysis

纪念馆由六个扇形单体相交围合而成，且单体之间也存在重复、变异的关系。一个基本形，通过高低变化、镜像、旋转、组合形成建筑。从顶部看纪念馆类似旋转的车轮，颇有动感，寓意时光的流失与追逐，暗示参观者应珍惜时光，明日复明日，明日何其多。纪念馆本身并不大，适宜多种地方展示。通过相交，形成高大空间、狭小空间的对比。多口出入，能更好的融入到周围环境中去，和谐统一。通过各种口观赏周边，达到一步一景的效果，并将框景这一园林手法运用其中。

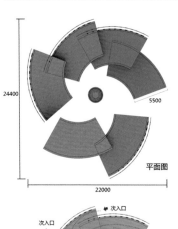

24400
5500
22000
平面图

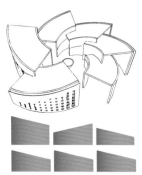

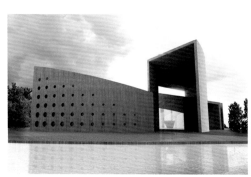

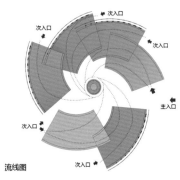

次入口
次入口
次入口
主入口
次入口
次入口
流线图

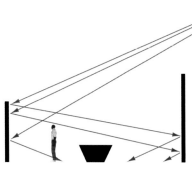

采光分析 Light analysis

四维时光纪念馆通过对自然光和人工光的利用诠释建筑，使参观者对发现时间溜走的痕迹。其中对自然光的采用也体现可持续发展的观念。中心区类似天井，大量的自然光注入，四周倾斜、高低交错，环形的造型使日光对纪念馆产生的阴影指向中心。中心四周的墙面大面积的户型镜子相互反射，使中心区的光感强烈。当参观者置身其中时，人与纪念馆形成一体，无限伸展，参观者产生的阴影也变得复杂。

我站在镜子对面，我站在镜子里面。
我的镜子里出现了你，我出现在你的镜里。

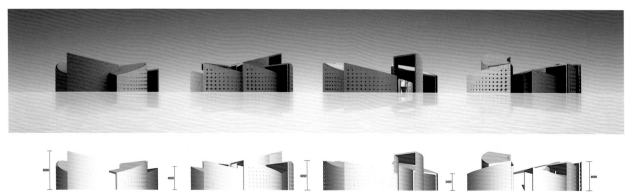

8000
4800
6000
3400
6000
立面图

学校：中央美术学院继续教育学院　　指导老师：张洋　谷真真　　学生：李鑫

Time Memorial 四维 时光纪念馆

李鑫 中央美术学院继续教育学院
E-mail:364405305@qq.com
指导老师：张洋 谷真真

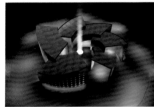

纪念馆夜晚的人工光，中间光柱为直接光源，其他均为间接光源，中间的光柱引导并感染参观者。蓝黄灯光的变化，体现人工智能光的优越性，同时互补色的使用增加空间的趣味性。纪念馆部分墙体在主墙旁边另做副墙，并在副墙上开孔作为光源的散发口。圆孔的由大渐小影响着光的强弱，使参观者感触"流失"时间。内部的暖光源使人温暖、舒适，转角处的蓝色渗光使其生动、有趣。来到中心区，光柱照度增强，展现一种光感力量。漆黑的夜，一束光明拨开云雾，直入云霄，终于发现，最美的爱不是一种炽热，而是一种沉默和期盼，为往流逝的青春而沉默，为华美的明天而期盼。

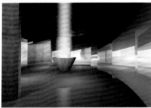

走过转角，迎接的将是新景象，经历回转，方才悟到。

有一个想法正在萌发
有一种感觉涌上心头
有一种热情油然升起
有一个脚步即将出发

这是一种力量，百舸争流
这是一种豪迈，鹰击长空
这是一种悠闲，鱼翔浅底
海阔心无界，山高人为峰

这是情怀
这是升华

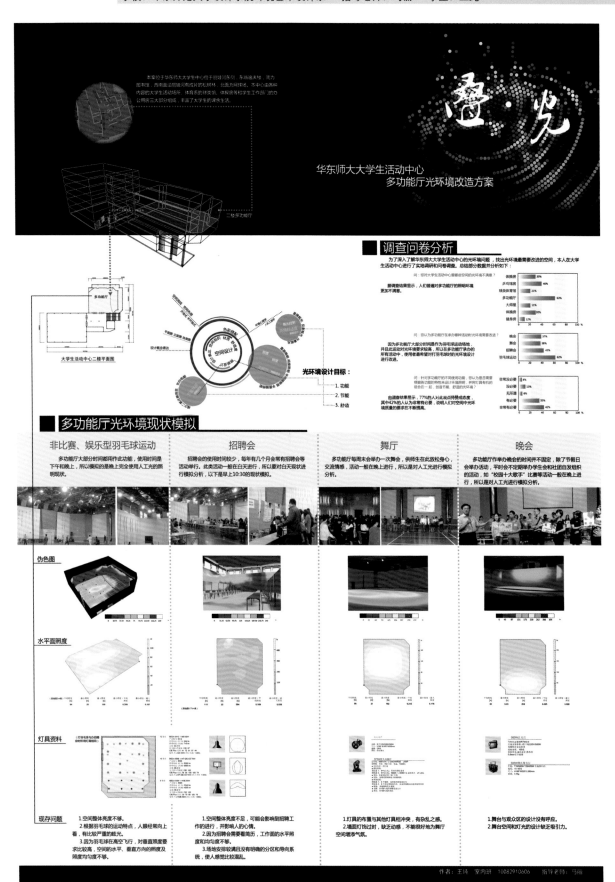

学校：华东师范大学设计学院环境艺术设计系　　指导老师：马丽　　学生：王纯

点评：作者通过实地调研，总结出大学生活动中心作为多功能空间，在光环境设计上诸多不利于运动安全、视觉舒适和节约能源等方面的因素，为此，设计方案从照度、均匀度和眩光角度重新评估活动中心作为羽毛球馆、招聘会场、演出厅和舞厅多功能的不同需求，从而探索出一个优化设计方案。

学校：华东师范大学设计学院环境艺术设计系　　指导老师：马丽　　学生：王纯

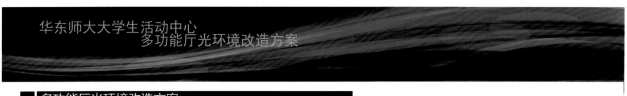

华东师大大学生活动中心
多功能厅光环境改造方案

■ 多功能厅光环境改造方案

01 BADMITION

灯具布置图

优化目标分析：

有相关研究表明，体育运动速度越快、球越小，其对照度的要求就越高。根据羽毛球的运动特点，此空间需要解决的是抬头眩光、照度水平和照度均匀度的问题。

改造前后光环境质量对比

	室内平均照度	运动场地平均照度	室内水平照度均匀度			运动地面照度均匀度			UGR眩光值
			水平照度均匀U1	水平照度均匀U2	垂直照度均匀U1	水平照度均匀U1	水平照度均匀U2	垂直照度均匀U2	
标准	250	300	0.4	0.6	0.4	0.4	0.6	0.6	小于22
改造前	64	86	0.181	0.308	0.63	0.236	0.76	0.421	25
改造后	301	304	0.573	0.643	0.83	0.668	0.93	0.896	21

眩光

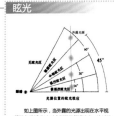

如上图所示，当外露的光源出现在水平视线以上45°角以内时会引起不舒适眩光，这时可以通过调整灯具位置或更换灯罩来避免眩光。也可以改变照明方式，使用间接照明使光源不会直射人眼。

平视：当运动员在自己领域的视线范围内无直射眩光。

仰视：当运动员抬头时，场地两侧的半间接照明也不会对人眼产生直射眩光。

改造前人在平视尤其是抬头时会有不少光源直射人眼，且顶棚的深色也形成巨大反差，空间眩光严重。

为了彻底解决眩光问题，运动场地上方不设置灯具，照明方式是直接照明和半间接照明相结合。当运动员平视观察场地时，视线为向上的灯具都不会对场地上的运动员产生眩光。

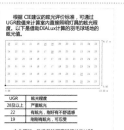

根据 CIE建议的眩光评价标准，可通过UGR数值来计算室内直接照明灯具的眩光程度。以下是借助DIALux计算的羽毛球场地的眩光值。

UGR	眩光程度
28及以上	严重眩光
22	有眩光，刚好有不舒适感
19	刚刚有眩光，可以受

由此得知，改造前的羽毛球场地的UGR眩光值最高为25，这造成了不舒适感。

均匀度

照度

非比赛、娱乐型羽毛球室内场地照度标准
（如上图所示：测试的都是离地面1m高的水平面照度）

整个室内平均水平照度	250lux
运动场地的平均水平照度	300lux

现状模拟后发现并未达标，分别是64lux和86lux。

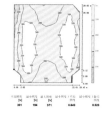

0 66 131 206 343 412 481 550 lux

整体空间伪色图

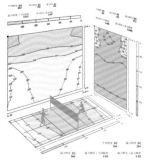

RECRUITMENT 03

乳白色亚克力板

浅蓝色硅藻泥

进行羽毛球运动时，为了清晰地识别在空中飞行的白色羽毛球，在墙面使用浅蓝色硅藻泥。硅藻泥有调节温湿度、除菌等功效。

当作为招聘会场地使用时，空间光环境以水平工作面的照度和照度均匀度是最重要的因素。并采用直接照明的方式以减少能耗。

根据功能和美观需要，在打羽毛球和开招聘会时，可以将发光板收进墙里（如①）；当举办舞会或晚会时，可根据氛围的需要调节发光板外露的宽度（如①②）。

DANCE HALL 02

灯具布置图

照度、均匀度

0 75 225 375 450 525 lx

伪色图

眩光

招聘会时人眼不会经常往上看，因此，这里只分析平视时灯具对人眼的干扰程度。因空间高度较高，灯具数量少且排列整齐，所以改造后空间眩光得到控制。

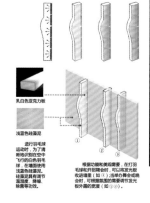

04 EVENING PART

LED背景墙

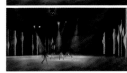

灵感来源：

墙面的灯饰设计灵感来源于美妙多变的光波，经过对其造型的简化，在墙面上形凹凸有致的动感光带，为空间增加流动之感。

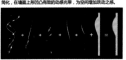

立面图

学校：华东师范大学设计学院环境艺术设计系　　指导老师：马丽　　学生：蒋帅

Light·Symbiosis

光·共生

—— 上海图书馆检索大厅照明改造设计

共生，存在于任何事物之间。
Symbiosis exists among anything.

图书馆的重要组成部分——检索大厅，
In the important part of the library—retrieval hall.

人和人、人和光、人和环境的共生，彼此之间相互影响相互依赖。
Symbioses between people, people and light or people and environment,influence each other and depend on one another.

以人的需求为出发点，通过间接照明的方式，
From the starting point of people's need,through indirect lighting.

构建具有艺术价值的光环境。
We build the luminous environment of high art value.

文化与现代化的交融。
We integrate culture and modernization.

将自然引入室内，创造舒适、自然的检索环境。
Introduce the nature inside and create a comfortable and natural searching environment.

让读者在历史的沉淀中感受"生"的气息。
So as to make readers feel the breath of "life" in the precipitation of history.

学　生：蒋帅　　指导老师：马丽

▣ 现状分析 Status quo analysis

> 地理位置

> 人工光照明分析

> 现状光环境问题分析

> 时段自然光照明分析

点评：作者以上海图书馆一层检索大厅现状中最突出的光环境问题为切入点，利用照明设计软件进行深入而全面的分析，最终设计方案不仅有效地提升了读者的视觉舒适度，同时还合理地利用自然光，优化了中庭周边功能区的光环境，该设计方案体现了学生扎实的研究能力和良好的逻辑思维能力。

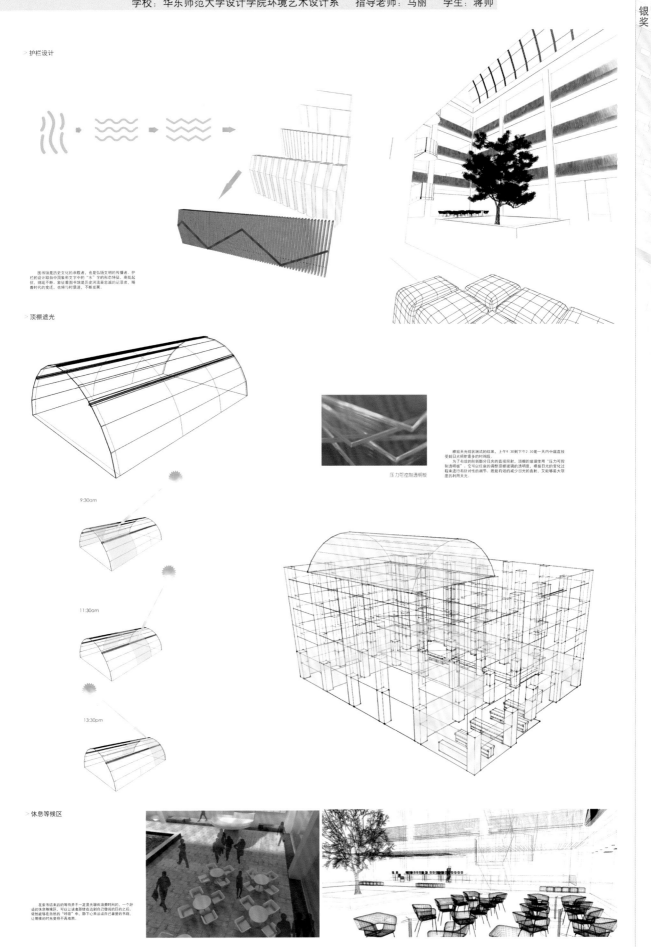

学校：华东师范大学设计学院环境艺术设计系　指导老师：马丽　学生：蒋帅

> 护栏设计

> 顶棚遮光

9:30am

11:30am

13:30pm

> 休息等候区

中国环境设计学年奖

学校：西南林业大学艺术学院　指导老师：李锐　徐钊　夏冬　郑绍江　学生：江南舟　田畯　万先富

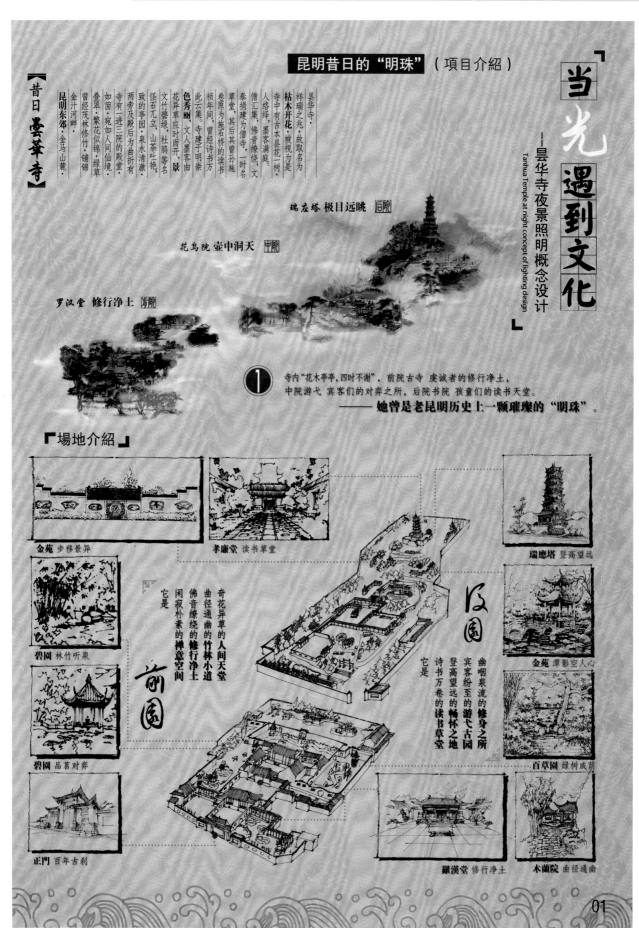

昆明昔日的"明珠"（项目介绍）

"当光 遇到文化
——昙华寺夜景照明概念设计
Tanhua Temple at night concept of lighting design

【昔日曇華寺】

昙华寺

祥瑞之兆，故取名为枯木开花，被视为是人格集，佛客满庭。僧汇集，墨客绥绕，文泰捐建为僧寺，一时名草原为施石桥的读书卷原，其后其曾孙施祯年间，曾建千明崇此云集。寺建千明崇色秀丽，文人墨客由花异草应时而开，景怪石兀立，山茶吐艳，文什碧绿，杜鹃等名致的亭园。果水清澈两旁及殿后为曲折有寺有一进三院的殿堂，如茵，宛如人间仙境。叠翠，繁花修竹，铺锦曾经茂林修竹似锦，绿草金汁河畔昆明东郊·金马山麓

瑞应塔 极目远眺 后院

花鸟院 壶中洞天 中院

罗汉堂 修行净土 右院

① 寺内"花木亭亭，四时不谢"，前院古寺 虔诚者的修行净土，
中院游弋 宾客们的对弈之所，后院书院 孩童们的读书天堂。
——她曾是老昆明历史上一颗璀璨的"明珠"。

【場地介紹】

金苑 步移景异

孝廉堂 读书草堂

瑞應塔 登高望远

碧園 林竹听泉

碧園 品茗对弈

正門 百年古刹

奇花异草的人间天堂
曲径通幽的竹林小道
佛音缭绕的修行净土
闲寂朴素的禅意空间
它是

前園

後園

幽咽泉流的修身之所
宾客纷至的游弋古园
登高望远的畅怀之地
诗书万卷的读书草堂
它是

金苑 潭影空人心

百草園 绿树成荫

羅漢堂 修行净土

木蘭院 曲径通曲

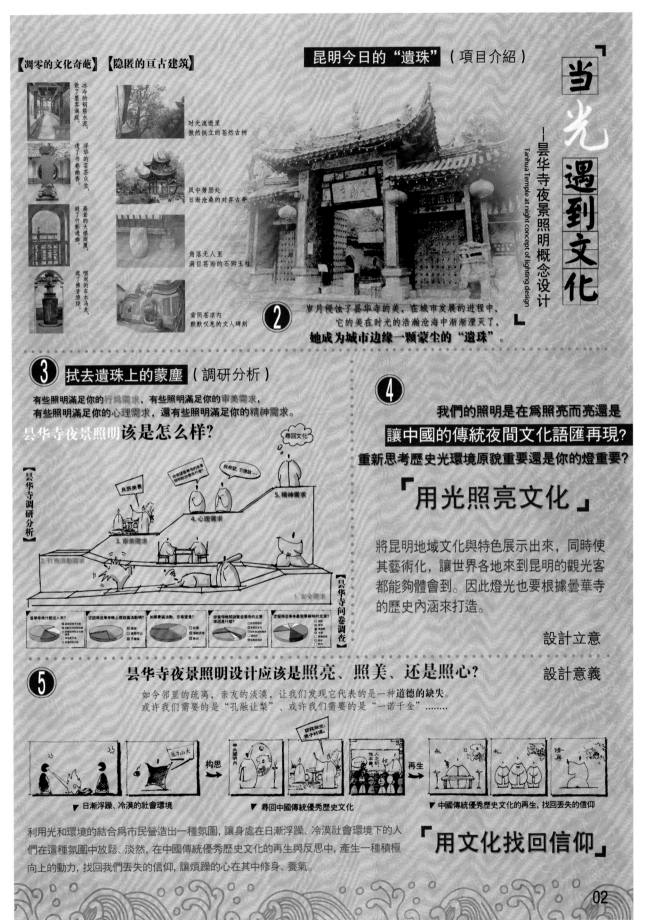

学校：西南林业大学艺术学院　　指导老师：李锐　徐钊　夏冬　郑绍江　　学生：江南舟　田畯　万先富

昆明今日的"遗珠"（项目介绍）

当光遇到文化
——昙华寺夜景照明概念设计
Tanhua Temple at night concept of lighting design

【凋零的文化奇葩】【隐匿的亘古建筑】

冰冷的钢筋水泥，散了墨客满庭。
浮华的芸芸众生，遗了书卷清香。
高耸的大楼商厦，遮了行影通幽。
喧闹的车水马龙，遮了佛音袅绕。

时光流逝里
傲然挺立的苍然古树

风中苍瑟处
日渐沧桑的对弈古亭

角落无人里
满目苍贻的石狮玉柱

背阴苍凉内
默默叹息的文人碑刻

② 岁月侵蚀了昙华寺的美，在城市发展的进程中，
它的美在时光的浩瀚沧海中渐渐湮灭了，
她成为城市边缘一颗蒙尘的"遗珠"。

③ 拭去遗珠上的蒙尘（调研分析）

有些照明满足你的行为需求，有些照明满足你的审美需求，
有些照明满足你的心理需求，还有些照明满足你的精神需求。

昙华寺夜景照明该是怎么样？

【昙华寺调研分析】

寻回文化

我希望、它應該…

5. 精神需求
4. 心理需求
3. 审美需求
2. 行为活动需求
1. 安全需求

【昙华寺问卷调查】

④ 我們的照明是在為照亮而亮還是
讓中國的傳統夜間文化語匯再現？
重新思考歷史光環境原貌重要還是你的燈重要？

「用光照亮文化」

將昆明地域文化與特色展示出來，同時使
其藝術化，讓世界各地來到昆明的觀光客
都能夠體會到。因此燈光也要根據曇華寺
的歷史內涵來打造。

設計立意

⑤ **昙华寺夜景照明设计应该是照亮、照美、还是照心？** 　　設計意義

如今邻里的疏离、亲友的淡漠，让我们发现它代表的是一种**道德的缺失**。
或许我们需要的是"孔融让梨"、或许我们需要的是"一诺千金"……

构思 ➡ 再生

▼ 日漸浮躁、冷漠的社會環境　　▼ 尋回中國傳統優秀歷史文化　　▼ 中國傳統優秀歷史文化的再生，找回丟失的信仰

利用光和環境的結合爲市民營造出一種氛圍，讓身處在日漸浮躁、冷漠社會環境下的人
們在這種氛圍中放鬆、淡然，在中國傳統優秀歷史文化的再生與反思中，產生一種積極
向上的動力，找回我們丟失的信仰，讓煩躁的心在其中修身、養氣。

「用文化找回信仰」

02

中国环境设计学年奖

学校：浙江工业大学之江学院　　指导老师：徐姗姗　吕微露　陈虹宇　周祎铭　　学生：汤燕

梵·高纪念馆设计

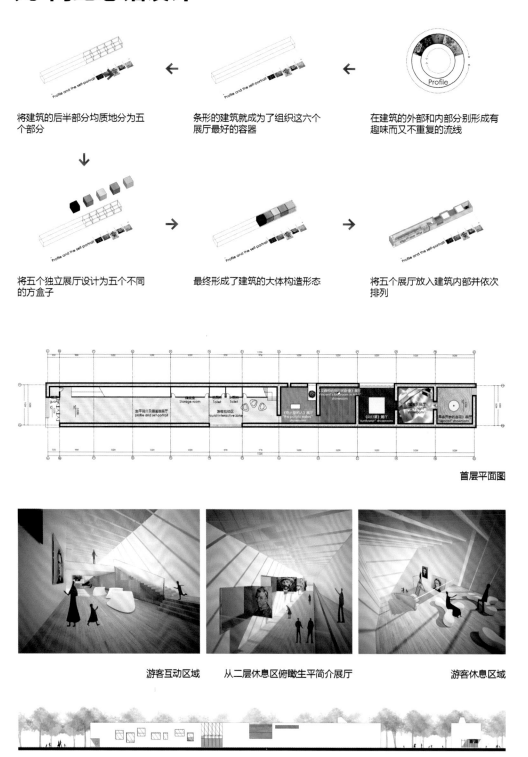

将建筑的后半部分均质地分为五
个部分

条形的建筑就成为了组织这六个
展厅最好的容器

在建筑的外部和内部分别形成有
趣味而又不重复的流线

将五个独立展厅设计为五个不同
的方盒子

最终形成了建筑的大体构造形态

将五个展厅放入建筑内部并依次
排列

首层平面图

游客互动区域　　　　　从二层休息区俯瞰生平简介展厅　　　　　游客休息区域

东立面图　　　　　南立面图

点评：该设计以梵·高一生绘画作品的几幅代表作作为切入点，融入色彩及心理的变化，设计者注重于对于绘画和空间的解析与传承，将绘画
作品的精髓与空间体验相结合，创造出多变多维的空间态势。宁静中富于朝气，平和中富于激情……

学校：宁波大学科学技术学院设计艺术学院　指导老师：查波　学生：冯武彬　吴玮　张弢　冯蕊楠

學生宿舍畅想

「一平米」主義 One square meter

學生宿舍楼改造
Student Apartment Block Remodle

學生宿舍分析
Analysis of student dormitories

现有的学生寝室楼，基本是将寝室楼划分出公共卫生间，楼梯等必备功能区域外，将寝室楼规划成各个小的居住单元，四人公用一间的形式存在。学生之间的沟通也仅限于寝室内交流，缺少整层或者整幢楼的交流，相互依赖性减弱，独立性加强，各寝室间不和谐。而且，学生们交通形式局限于楼梯，缺乏层与层之间的交流。每天重复着同样的交通流线上下课，单一的生活模式使学生生活变得平淡无奇。

For Rent

Path

Renovatio

Destroy

「一平米」

一平米 可以做什么呢？　　　　我们 只要
可以躺着 坐着 站着……　　　 睡觉一平米 读书一平米 吃饭一平米
在寝室居住空间中　　　　　　 洗浴一平米 更衣一平米 娱乐一平米……

1 × 1㎡   2 × 0.5㎡

living   living

Aisle   Function1
Function2   Aisle
Aisle   Function3
             Aisle
Function4   Aisle

Function   Function

改造前
Before

原有学生宿舍楼单间的形式相同，重复排列。一个寝室只具备基本的卫生间区域、住宿区和学习区。学生上下宿舍楼只能通过安全逃生楼梯，生活形式单一，不具变化性。

壹

平米的拆解

原有宿舍每位学生拥有四个平米的空间，在这四个平米内，要安排自己的学习、就餐、休息、交谈等功能。那么将各位学生的相同功能空间提取，再进行合并，使空间最大化从而容纳所有的学生进行相同功能的使用，避免宿舍内学生之间造成的相互干扰。

平米的重组

每个学生都拥有自己独隔一平米，在这一平米里可以由学生发挥自己的创造力来布置。当然，可能一平米有较大的限制性，这时，我们就可以将自己的一平米与他们共享，与此同时，我们也获得了另一平米的使用权，这样我们就拥有了更多的空间来丰富我们的功能。

One   Double   Fourth   Sixth   N...

Bathroom   Bathroom

Entertainment   Stairs

Reading room   Dressing Room

Stairs

Bathroom

改造后
After

由于整幢学生宿舍楼的内部空间有较大的可变性，所以人为地将宿舍楼的居住和洗漱空间进行固定。其他各个空间有其对应的区域颜色。

「坐标」

每个学生入住宿舍，在一楼大厅登记。在管理员那里就会领到自己的坐标序号，按照自己的坐标找到相应的位置。在每层的平面上，住宿区和洗漱区是固定的私人区域，其余区域均为公共区域。公共区域可有每层学生民主投票来决定其功能，在公共区域部分会有各个坐标相对应的地面划分。

将宿舍原有的功能进行公私的区分，将私人区域进行集合，使公共空间区域最大化，从而提供学生活动与交流。

P Private space
S Sharable Space

学校：内蒙古工业大学建筑学院艺术设计系　指导老师：田华　张岩　学生：李雅娟

克劳德·莫奈艺术馆
CIAUDE MONET ART MUSEUM

作者：李雅娟
收稿日期：2012年4月17日

设计起因：
莫奈是法国"印象派"画风推广者，影响整个艺术界。希望更多的人了解艺术大师欣赏艺术大师眼中所看到的艺术底蕴，提高人们的艺术审美增加人们的艺术情操丰富文化内涵提高个人艺术修养，传播"印象派"艺术促进艺术文化交流。

设计起点：
"印象派"艺术与情感；艺术家与贡献；现实主义与文化艺术

设计切入点：
莫奈的性格特点光与影的表达（莫奈一生中忠于光影的完美表达）光与空气的综合效果；色彩在空间的表达色彩的细腻，从自然地光色变幻中抒发瞬间的感觉。

1建筑外观正面
2建筑外观次入口
3建筑外观主入入口
4建筑整体外观

主体建筑南立面

主体建筑西立面

主体建筑东立面

主体建筑北立面

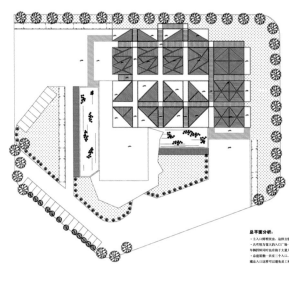

总平面分析：
· 主入口朝向宽出，这样方便接纳大量的人流入馆、车流
· 其所划分为主入口广场一方面是便于送出入馆的车辆的同时也有助于疏导大量人流的集散
· 总建筑物一共有三个入口，主入口、次入口、员工馆品入口这样可以避免员工和观众流线的交叉和干扰

概念的产生：
莫奈作画的特点：光、影、色彩、印象
莫奈的性格特点：孤独、沉默

克劳德·莫奈：
简介：claude mont 1840年11月14日—1926年12月5日法国画家印象派代表人物和创始人之一，作画特点：注重色彩与光的完美表达；在画中看不到非常明确的阴影；色彩运用相当细腻；从自然地光色变幻中抒发瞬间的感觉，性格特点：隐士、孤独感沉默寡言、爱思考

美术馆定位：
个人展馆（莫奈一印象派代表人物）分三个时期介绍莫奈一生的经历及作品
初期—般制像画—顽皮
中期一对光影的钟爱、色彩细腻、色彩和光的完美表达（重点表现）
末期—白内障—懊心、对颜色的不敏锐画作缺少细节模糊抽象色彩强烈

地理位置分析
大连位于欧亚大陆东岸，沿海开放城市之一，交通大连中区毗邻城市繁华地带，交通便利城市公用设施完备，有适当的扩建用地，附近有公园局离环境污染区域，绿化面积适中，适宜人群集散。

气候分析：
海洋性的暖温带季风气候，冬无严寒、夏无酷暑，四季分明年均平均气温10-5C 极端气温最高37.8C 最低-19.13C年降水量550-950毫米今年日照总时数为2500—2800小时气候温和自然生态环境优越适宜动植物的生长及青生生物资源较为丰富

人文历史：
青铜时代以大嘴子遗址在大连地区厂为分布，极大地提高了生产力带动当时大连地区社会由地区性组织转化为方便建用地，清末周村大连地区建青铜性遗址，类型最全数量最多的地区其代表性遗物为曲刃青铜短剑。

市树市花：
市树市花 槐树 月季

学校：广东轻工职业技术学院艺术设计学院　　指导老师：彭洁　赵飞乐　陈洲　　学生：林俊板　牛莹戚　舒湛

溯源之路

韶关马坝人遗址公园博物馆设计 Maba Man Ruins Park Museum of Design

广东轻工职业技术学院 环境艺术设计 林俊板 牛莹 戚舒湛 指导老师：彭洁 陈州

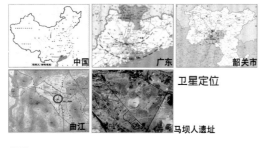

中国　　广东　　韶关市

卫星定位

曲江　　马坝人遗址

背景

原有的马坝人博物馆过于破旧、单一。需要一个新的博物馆来容纳具有重要历史意义的藏品。

基地概述

选址附近是鱼苗场，周围有宽阔的水域，背临有小山坡，有很好的自然环境。遗址公园规划后对面是酒店选址，右侧是石头山和狮尾山，有良好的视野，地势平坦，视野开阔。

概念-提出

我们想要以一种道路探索惹方式来认知人类的起源与演变，踏着沧桑的大地，沿着河流冲刷的痕迹，追溯我们所要找到的答案。

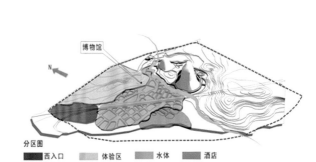

遗址公园新入口

博物馆新馆

人流及交通优势

1. 选址地处于三级控制带
2. 遗址区主入口，人流集中
3. 狮岩路与253省道交汇处，交通便利。

博物馆

N

分区图

■ 西入口　　□ 体验区　　■ 水体　　■ 酒店

主题：溯源之路

元素：大地·河流

方式：流水冲刷

广东轻工职业技术学院 环境艺术设计 林俊板 牛莹 戚舒湛 指导老师：彭洁 陈州

1

学校：中南林业科技大学　指导老师：袁傲冰　学生：吴珺

城市空间景观设计

中国环境设计学年奖

学校：无锡工艺职业技术学院　　指导老师：李兴振　陈晨　　学生：王晓岑

Landscape Architect

流淌的景观

连云港燕山景观规划设计

2.3 景点规划

燕山公园以山为体，以水为脉，以生态为魂，将水景空间、山林空间与城市休憩空间及商业空间结合，这就使燕保护空间与城镇发展空间、自然系统与人工系统和谐流畅的同时，为游人提供一处集自然风光、人文景观、商业展示、观赏运动等于一体的休闲度假游乐的好去处。

景点布局图

2.1 规划总体布局

总体布局

根据燕山公园的发展需求，在空间布局上采取"一心二环八区"的布局结构，打造山地城市水乐、山地休闲的主格局。

1）"一心"
站山口西侧是主要景点，是全园的视线焦点可供眺望。

2）"二环"
为其主环和山林两条环线系统。其主环线主要供机动车穿梭，联系各个水景点；山林环线2条休闲迷你，供山林穿越路径；其内机动车等，还行车道、步行道联系各机动路系统，服务的山间行车道，行走方便。各个主要点的联合路径，是重要游观动脉。

3）"八区"
根据八区景色各特点分区设置各功能区块，打造回游型，分别为：东入口园、城市滨湖公园、地城主题景、文化度假区，燕山庙、游乐活动水乐区各特色山乐园。

4）"八区"
根据燕山公园特色各设置各功能区块，充分发挥各特区，产业各水，还行其特特主题性。各服务，商业各区，还行各区旅游水文。

通路交通规划

充分整合景区资源，升级景步行单道、道路可达性，入环保为前提，入环保和绿化设置影响素实现道路区的旅游交通各体。

1、交通方式
主要分为以下车种交通方式：

一级园路：宽7米，为景区内主要车行道，联系各个重要景点、景点建筑，也是景区行游览主要游道。

二级园路：宽3.5-5米，为区内观机动车道，联系各个景点。服务路，最佳景观行通。

三级园路：宽1-2米，为区内主要行走山行通道，可达性高强较景观性能，规划行三度，行走大好连线特色而观路线。

水上交通：主要围绕向阳湖北淀展开，连线各滨水区，迎景效果布观。

2、交通设施
交通工具和停车场地
按照大小车等重型车辆的进入，在主景景点的城市限定公园，估地面限制，各地建筑配置车停车立的的。客车别达到分量点，在景区设停车点公立入口设置停车场。为大多来就首先城市公交车路途，自划配有环境友好协调的交通工具。

停车场外设施：构机动停车场，非机动车停车场、停车站设场地停车，种地停车，打造生态型停车场。

公交车站：为方便市民出入，在山公园内南的和天目路，宁机山路等城市干道区及景区主要出入设置公交车站。巴士停车站出为区采摩测试，占地500平方米，可停10辆巴士。

植物种植规划

规划原则

1）以生态保护为指导，坚持可持续发展，做场保护景识、科学、合理，有序出绿化和有序相互和用燕林景观，以提高环境质量与视觉感受。

2）以乡土树种为主，改善与维护好城市生态系统平衡为主，以人与自然和平为目标，加大树木种的树栽和面积有力度，提加增化覆盖层。

3）提物格格绿色的植数据结组，通过适应适树增植。规划绿绿林与风景林相绿色，植根生态与风景景观其重要形成的风景经济林林系。

4）充分发挥乡土植种、特有树种、观赏植物的综合功能，注意与各功能区区山林、林、景观色相协。

根据各区具体的的植物要求，提高景区别的效果。

根据公园的规划及实现功能得出场地城市滨水区、东入口商业区、山地游景区、西入口景观区、文化度假区、老年公寓区、产业景观区。

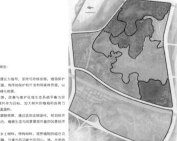

图例
一级园路(7m)　　二级游园　　主入口
二级园路(3.5-5m)　　三级游园　　次入口
三级园路(1.5-4m)　　游船码头　　停车站

图例
城市滨水区　　东入口商业区　　文化度假区　　产业景观区
东入口商业区　　山地游景区　　西入口景观区
口口景观区　　文化度假区　　老年公寓区　　产业景观区

景点编号
1、西入口广场	8、滑草场	15、有机花道	22、东入口商业街	29、闻香园	36、滨湖餐厅
2、绿地花坡	9、地藏故事园	16、观景台地	23、品花阁	30、品花阁	37、游船码头
3、燕山庙	10、观演广场	17、林荫漫步道	24、玫瑰园婚礼堂	31、景观迷园	38、景观绿岛
4、寺庙后花园	11、燕归来	18、菅草谷	25、玫瑰园咖啡厅	32、观燕园	39、向阳湖
5、波普轮滑场	12、绿色广场	19、游子园	26、玫瑰园	33、冥想园	40、变电站旧址（保留）
6、户外攀岩	13、休闲廊架	20、燕桥	27、闻香园	34、听风园	41、向阳广场
7、滑草俱乐部	14、观燕活力草坪	21、东入口广场	28、台地展示馆	35、滨水花园	42、滨水酒吧街

文化度假区与老年公寓区

文化度假区以向阳湖（南湖）为中心打造高尚旅游度假区，包括：会所、高尚休闲会所、迷你高尔夫、垂钓园、书画院等景点。

该区为老年公寓已建设用地。燕山公园的开发为老年公寓提供了良好的景观依托，优化了该用地的环境质量，并规划老人公园。

垂钓园　　　　　　老年公园　　　　　　会所

产业景观区

结合现状及景区开发，产业景观区以生态农业为主种植经济果树和各类花卉。由于各种果树的开花、结果的时段不同。因此，经济果林将为游人提供四季迥异的景观。在总体景观的构成中，经济果林在一年四季中都将为游人带来大自然的清新与生机。而花卉基地融入大地艺术设计理念，带来经济效益的同时也为整个产业景观区打造色彩斑斓的视觉景观。

学校：无锡工艺职业技术学院　　指导老师：李兴振　陈晨　　学生：王晓岑

中国环境设计学年奖

Landscape Architect

流淌的景观

连云港燕山景观规划设计

地藏故事园-观演广场

平静如镜的莲花池上，朵朵莲花盛开，石壁倒影其中，佛光浮现。

中轴线近口处，利用现状陡峭的地形，以佛文化为主题，雕刻地藏故事石壁，游人到此参拜，可聆听感悟佛教文化，身心得以平静、放松。石壁前设计一荷花池，同时作为水上表演舞台的载体。

地藏故事园-观演广场

在有文艺表演或其它特别节日时，地藏故事园变成了万人观众席，人们在此享受着表演者带来的视觉、听觉感受，地藏故事石壁作为舞台的背景，佛光普照，形成一片欢乐祥和的和谐场景。

根据原始地形高差，设计以柔美的曲线组织园路关系，覆膜混凝土药极与钢铁档板的运用，材质、色感的对比，形成震撼极强的被地景观，游人走在其上，可以体验不同的空间感受与乐趣。

玫瑰园

玫瑰代表着浪漫的爱情。在玫瑰园，各色各样的玫瑰品种种植于此，形成一片花的海洋。万千玫瑰鲜花盛开的季节，在神圣的玫瑰婚礼堂举行婚礼，万花拥簇，是何等的浪漫！

蝴蝶飞舞的季节、和家人在金色花海的各种花海中穿梭，坐浪漫花草丛中，形成一道别样、无限朝气蓬勃景象。当到此时，花朵感受体现着浪漫情趣，让游客留恋于此的纯纯恋意无限大增。

向阳广场

向阳广场采用大地艺术造景手法来塑造空间，巨型条石有机穿插其间，丰富景观空间的同时也赋予向阳广场以大气磅礴的一面，彰显现代气息。在广场中心设计一燕山文化雕塑，形成视觉标识。

中国环境设计学年奖

学校：无锡工艺职业技术学院　　指导老师：李兴振　陈晨　　学生：王晓岑

Landscape Architect

流淌的景观

金湖县燕山公园景观规划设计

东入口商业区

结合景观商业策划，在地块东北部集中开发形成东入口商业区。结合有趣多样、风格独特的建筑群，精心设计景观环境。以燕山为背景，营造别具韵味的商业购物休闲环境，打造时尚细腻精致的入口商业氛围。

西入口景观区

西入口景观区主要由入口山地景观和燕山庙组成，强调大尺度的立体层次设计，依据地形起伏塑造空间，从大地艺术中借鉴语言符号打造现代景观，让西入口直观地带给游客大气、自然、简洁的视觉冲击，表现山地景观的粗旷。

山地游赏区

山地游赏区以燕山山体为依托，设置名人走廊、山林步道、朝阳步道、山地自行车道及天际线步道等，不同类型的游览方式带给游人全面的山林体验感受。其中名人走廊从山脚的湖滨广场开始，经过观演广场、地藏故事园、名人亭、千步梯、登高台、名人故事长廊最后到达望远塔。

故事亭　　　　　　密林幽径

2.2 景区规划

城市滨水区

城市滨水区是燕山公园与城区联系最为紧密的区域。景区以水为特色，注重城市与山林内外空间的渗透和穿插。是城市空间向生态绿化空间的过渡。景区内设置以下内容：向阳湖、景观绿岛、向阳湖滨水花园、观燕活力大草坪、燕桥等景点，并设有滨湖餐厅等商业服务设施，创造充满活力的现代湖滨景观。给城市居民提供一处休闲活动的滨水开放空间，适合大众进行无拘无束的假日游乐活动。

滨水酒吧街　　　　　观燕活力草坪　　　　　北入口向阳广场

宕口游乐区

宕口游乐区是在原采石场的基地上建成。该景区注重特色游乐设施的规划和趣味景观体验的营造，主要包括观演广场、地藏故事园、台地花园、城市极限运动园等景点。台地花园的栈道采用自由的、生长的形态与宕口原地形相协调，为游人展现"步移景异"的景观。台地花园往西的道路串联了大小不一的几个宕口，结合台地花园中设置的闻香园及品花园、观燕园，形成以体验"嗅、味、视、触、听"之五觉的系列认知体验园。

地藏故事园　　　　　玫瑰园　　　　　　波普滑冰场

文化度假区与老年公寓区

文化度假区以向阳湖（南侧）为中心打造高尚旅游度假区，包括：会所、高尚休闲会所、迷你高尔夫、垂钓园、书画等景点。

该区为老年公寓已建设用地，燕山公园的开发为老年公寓提供了良好的景观依托，优化了该用地的环境质量，并规划入人公园。

钓园　　　　　　老年公园　　　　　　会所

产业景观区

结合现状及景区开发，产业景观区以生态农业为主种植经济果林和各类花卉。由于各种果树的开花、结果的时段不因此，经济果林将为游人提供四季游异的景观。在总体景观的构成中，经济果林在一年四季中都将为游人带来大自然青新与生机。而花卉基地融入大地艺术设计理念，带来经济效益的同时也为整个产业景观区打造色彩绚烂的视觉景观。

花卉产业基地

学校：中国美术学院艺术设计职业技术学院　指导老师：邱海平　学生：陈寅枫　许文超　黄达　雷泽鸣

点评：通远门遗址公园位于金华市区，总用地面积3.2公顷，地块面朝婺江，背靠城市商业界面，区域内存有通远门城墙古迹一处。项目属于文化遗址公园景观设计，作为毕业设计选题它的意义在于真题训练，关注现实。

该学生方案能够从现实因素和条件出发，关注和体现了城市功能、历史文化、场地特色以及商业行为的复杂关系。提出了让历史遗存景观从纯粹的保护走向活化的利用，并巧借地形关系让城市商业和历史古迹获得对话。方案设计概念突出，理想与现实并举，作品也体现了作者具备了较强的设计表现能力。

学校：中国美术学院艺术设计职业技术学院　　指导老师：邱海平　　学生：陈寅枫　许文超　黄达　雷泽鸣

贰

项目概况：通远门遗址规划区域城地段位于金华江、义乌江、武义江三江交汇的河口处，北至长仙门城墙保护范围北边界向北10米，西至通济街，南至婺江东路，东至艾青纪念馆西侧边界，占地约3.2公顷。

基地位于三江交汇之处，其中跨城最大的为义乌江。义乌江又名婺江，西转西北流，沿途接纳乾溪、白沙溪等溪流后于雅苏北出境入兰溪市。

本次设计区域为长方形地段，东西长710米，南北长200米，总占地约14.18公顷。西市街以西用地现状主要为二类居住、商业金融及发展备用地。西市街以东为长仙门（即水门）地块，西南角保留一处尖峰集团高层商业办公建筑，地块北侧现状为在建的江晨地产高层住宅项目。高井巷以东为金华文化艺术中心。

城墙遗址历史文化

地面墙体与地下基址的长度规模——通远门-长仙门城垣遗址直线全长348米，墙体厚度约9米，地面墙体部分共计136米无地面遗存248米

"通远门城墙"地面墙体保存况——现存长35.8米，最宽12.4米，最窄处8.9米，残高5.5米。现有墙体通过东、南、西三面的条石护砌得到了较好保护。

城墙内侧的城墙附属建筑基址——城垣内侧和西市街以东的通远门原址附近，考古发掘中在宋、元、明文化层中发现面积约为35平方米的青砖地面铺砌，初步判定为城墙附属建筑遗存。

方案构思

方案灵感来自于金华"婺州玉石"

城市道路分析

土地利用规划

拆迁前建筑街巷机理

历史记载中的城墙

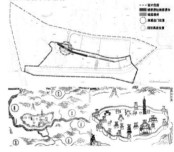

学校：重庆工商职业学院传媒艺术系　　指导老师：徐江　陈一颖　刘更　　学生：许汝才　刘凤生　黄春梅　黄赠竹　江凤

川主寺镇景观修建性详细规划
LANDSCAPE PLANNING FOR CHUANZHUSI TOWN ,ABA,SICHUAN

5.1 步行街的整改和设计

5.1.1 红星路商业步行街的整改

现状分析

1）建筑边界线过于笔直，视觉冲击力过弱。
2）建筑风貌不统一，地域特色不突出。
3）道路过于宽敞，两旁绿化较差。

设计目标

将商业街打造成连接岷源汇广场与岷源广场结合的空间序列。通过对商业建筑边线的整理，建筑立面的优化，传统建筑构件的整合，达到突出商业倒民族特色、地域特色、建筑特色的目的。

设计手法

1）调整道路两旁的建筑边界线，优化建筑形态，营造收放放结合，街道内侧线的凸处理。
2）优化建筑立面，强化民族地域特色。
3）建筑构件和建筑的有机结合。

Current situation analysis
1t construction of boundary line is straight, if the visual impact force.
2) architectural style is not uniform, not prominent regional characteristics.
3) the road is too large, green on both sides of the poor.
Design targetThe
business street into the connection 's Exchange Square and emblem source square combinationSpatial sequence. Through the commercial building edge finishing, building seeThe optimization, integration of traditional building components, to achieve outstanding commercialStreet national charateristics, geographical features, architectural features of the objective.
Design technique
1t adjust the both sides of the road construction of boundary line, optimization of architecture, campMade retractable combination, street medial line concave-convex processing.
2t optimise the building facade, strengthening the national and regional characteristics.
3) the organic integration of building components and building.

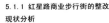

点评：这个城镇景观规划项目在我国目前的发展态势下非常具有有代表性，是非常务实也非常有趣的课题。针对许多小城镇逐渐显露出来的问题如：城镇空间单一，建筑品质低，无地域特点，无城市公共景观空间，设施落后等。结合当前旅游业的蓬勃发展，这个项目组提出了明确的研究目标及设计工作框架。在这个前提下，对川主寺城镇现状作了深入的分析，对城镇格局提出有建设性的构想，如：设置过境快速车行道，将最中心的街道步行化，针对步行空间调整街道界面，城市节点建筑更新等。各项具体的设计工作深入，切合实际，有地域文化特点：建筑风貌整治分段逐个设计，建筑更新的新建筑设计也有相当的深入程度。基本完成课题的设计研究工作，对于同学们来说这是个不小的挑战，工作量也比较大，总体来说设计方案比较完整。

学校：重庆工商职业学院传媒艺术系　　指导老师：徐江　陈一颖　刘更　　学生：许汝才　刘凤生　黄春梅　黄赠竹　江凤

川主寺镇景观修建性详细规划
LANDSCAPE PLANNING FOR CHUANZHUSI TOWN , ABA, SICHUAN

5.1.2 金星路高原花街的设计

以"乡土花园"树立本地酒店业环境品牌

主要通过以下策略塑造花园街区：

1、对酒店附属绿地进行规范；
2、对沿街建筑阳台、窗台绿化提出要求；
3、对酒店、单位围墙进行规范；
4、两侧人行道进行花园式改造，主要手法包括：

以乡土材料突出地方特色；
完善街道公共设施，提高步行舒适度；
通过空间收放处理，结合乡土植被的多层次搭配，形成步道、
花园、小节点交替出现、富有地方特色的游赏型街道空间。

5.2 Jinxing road plateau terrace design

" Native garden" to establish the local hospitality industry environment brandMainly through

the following strategy shaping garden district:
In 1, the hotel attached green space;
In 2, the street architecture balcony, windowalll green demands;
In 3, the hotel, wall units;
In 4, both sides of the sidewalk of garden type transformation, the main methods include:
It ia to highlight the local characteristics of local materials;
The improvement of street public facilities, improve the pedestrian comfort;
The retractable handle through space, with multiple levels on native vegetationDistri-
bution, formation of trail, garden, small nodes appear alternately, richLocal charact-
eristics of tourism type of street space.

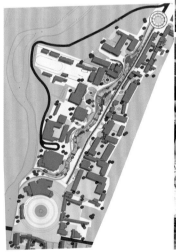

学校：顺德职业技术学院设计学院　　指导老师：郑燕宁　　学生：林超

佛山南海桂城三山农民公园景观规划设计①
Foshan nanhai GuiCheng three mountain farmers park landscape planning and design

姓名：林超、符东、李辰晨、黄秋霞、谢婉琪　　所在单位：顺德职业技术学院　　作品类别：环艺设计　　作品名称：年轮-乡村印记

学校：重庆工商职业学院传媒艺术系　　指导老师：陈一颖 徐江 陈中杰　　学生：尚鑫 牟健 王馨 杭海 黄源 曾洁

回归——新乡土农园农业体验园区规划设计
New local farm agricultural experience park planning and design

广场规划设计 Square design

广场设计指导思想 Square design guiding ideology

入口广场所处位置在园区景观、交通等方面都十分重要。广场呈梯形，总占地面积18884平方米，广场的设计注重传统技巧、形体、风格、材料、形式、色彩等突出空间特色的重要方式。

入口广场是景区园林绿地系统中的主体，其具备了一定的管理机构和为游客提供一个引领空间。广场的园林布置在满足功能的前提下，对规划形式、树种选择和植物配置等方面，既要突出广场是特色，又要考虑统筹全局、相互协调的整体性，以此带动台农园区整体绿化水平的提高。

Entrance plaza is located in the park transportation and other aspects are very important. The square was trapezoidal, covers an area of 18884 square meters, square design focus on the traditional skills. The form, style, material, form, color and other important space characteristic the important way.

Entrance plaza is the area of green space system in the main body, have a certain management and offers visitors a leading space. Square garden layout to meet the function under the premise of planning, form, selection of tree species and plant disposition and so on, we should highlight the square is characteristic, but also consider the overall coordinated overall, in order to promote laymen agricultural park overall greening level.

景观视线分析 Analysis of line of sight

景观节点分析 Landscape node analysis

人流分析 Flow analysis

主要景观节点 The main landscape

广场剖面 Square section

入口广场是游客首先到达地方，起制景区的导向作用。广场的设计不仅妥善处理好了人车流安全便捷的交通流线组织问题，还满足了个方位的视觉效果的要求，构成了整个园区的重要景观之一。

Entrance plaza is the visitors first arrive place, play the guiding role of the square area, designed not only to properly handle the traffic safety and convenient traffic flow organizational issues, but also to meet a range of visual effects requirements. Constitute the entire park is one of the important landscape.

广场布局 The square layout

广场的规划布局采用中轴对称的手法，使整个广场浑然成为一体、强烈、明显的轴线结构，使广场局部简洁明了，视野宽阔、明确的景观是给以幽恬而宁静的印象。

Square layout with axis of symmetry approach, so that the whole square become totally integrated. A strong clear axis structure, so that the square local concise a wide field of vision, clear landscape the feelings of people with the quiet and tranquil impression.

A-A剖面图

广场局部效果 Square local effect

现场照片 Site photos

广场总鸟瞰

陈景新颜 Chen Jing city

入口广场的设计采用现代的构成方式，整体布局错落有致，结合点线面的构成关系，把广场的整体景色呈现在游客眼前，从点线面贯穿广场上的每个部分的景观设计，更好的突出整体视觉效果。

广场的物种多样化，以植物的形态、色彩以及季节的变化，营造出了多姿多彩的画面，拥有四季季景、移步换景的绿色系统，更好的为游客们提供一个游玩、活动和休息的开敞式空间。

景区入口广场是游客进入景区前的一个首要体验区，也是对景区的首要展示区，把游客指引到一个与众不一格的户外体验空间。

接待中心采用钢化玻璃的材质，把周围的植物都映在上面，如水一般晶莹剔透，给人以强烈的视觉冲击。

Entrance plaza design uses a modern form, the overall layout of well-proportioned, combination of point and line structure, the overall view of the square in front of the tourists from the point of line runs through the square on each part of the landscape design, better highlight the overall visual effect.

Square species diversity, plant morphology, color and seasonal changes, to create a colorful picture, with four seasons king, Yibu for king of the green system. Better to give visitors a play, and the rest of the open space.

The entrance plaza is the tourists into the area in front of a primary experience area, is also of the main display area. The tourist guide to a unique outdoor experience space.

Reception center uses toughened glass material, placed in the around plants are reflected in the above, such as the water crystal clear, give people a strong visual impact.

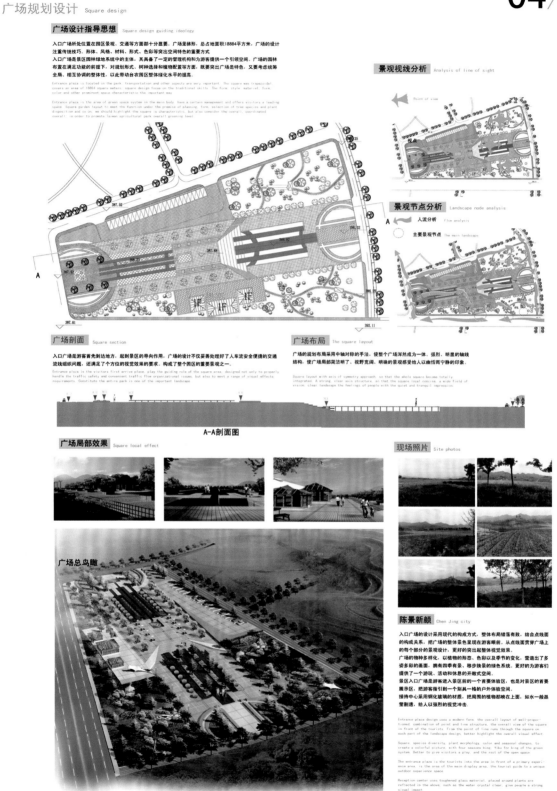

点评：本案立足打造生态农业景观，把农业种植形态和生产方式引入旅游地区。实现绿色、环保、产出的新型景观。设计意图明确、表达充分。建筑用传统元素与常用乡村材料设计，实现现代与传统与农村的有机结合，形成全新的新乡土建筑形式，建筑设计独特、本土性强。

学校：重庆工商职业学院传媒艺术系　　指导老师：龚芸 张佳 葛璇　　学生：顾书勇 周希 黄律 李自健 刘玥

重庆南川区凤嘴江两岸景观规划
LANDSCAPE PLAN FOR FENGZUI-MOUTH RIVER NANCHUAN · CHONGQING,2011

河道规划理念 River planning concept

通过我们对水的理解来延伸我们对生活、理想、土地、自然、生态的理解；希望我们不仅仅是在做水，不希望我们对水的理解还停留在对水的畏惧，我们更希望它是："生活"之水、"文化"之水以及对未来生活憧憬的"希望"之水。

Through our understanding of water to extend our to the life, the ideal, natural and ecological understanding; Hope we are not only doing water, don't want our understanding of water to stay on the fear of water more, we hope it is "life" of the water, "culture" water and an future life to imagine of "hope" of water.

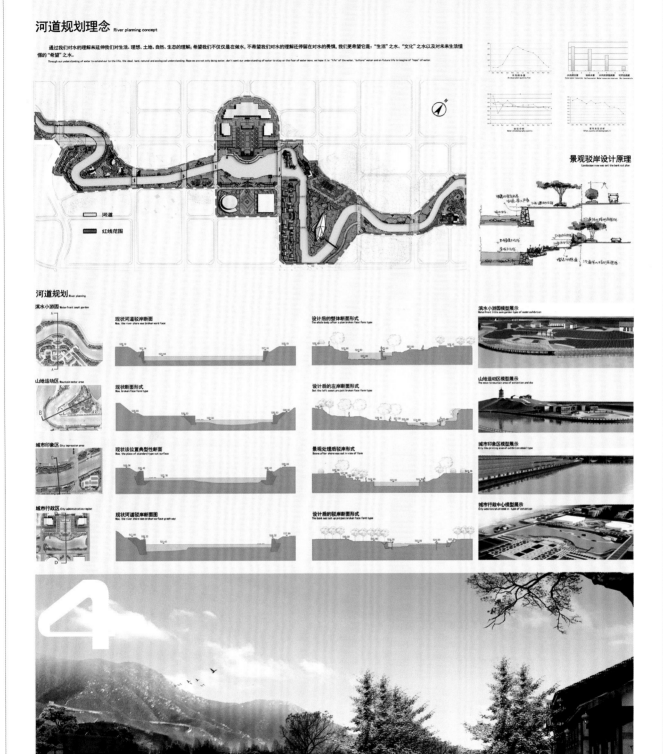

点评：本项目定位为现代城市滨水景观，旨在通过现代景观的营造提升城市形象，增强城市生活空间品质。在整体的规划设计中秉承了整体性，亲水性，文化性等原则，以使方案能凸显城市地域特色与价值，并体现出"人，自然，城市"和谐发展的永恒主题。

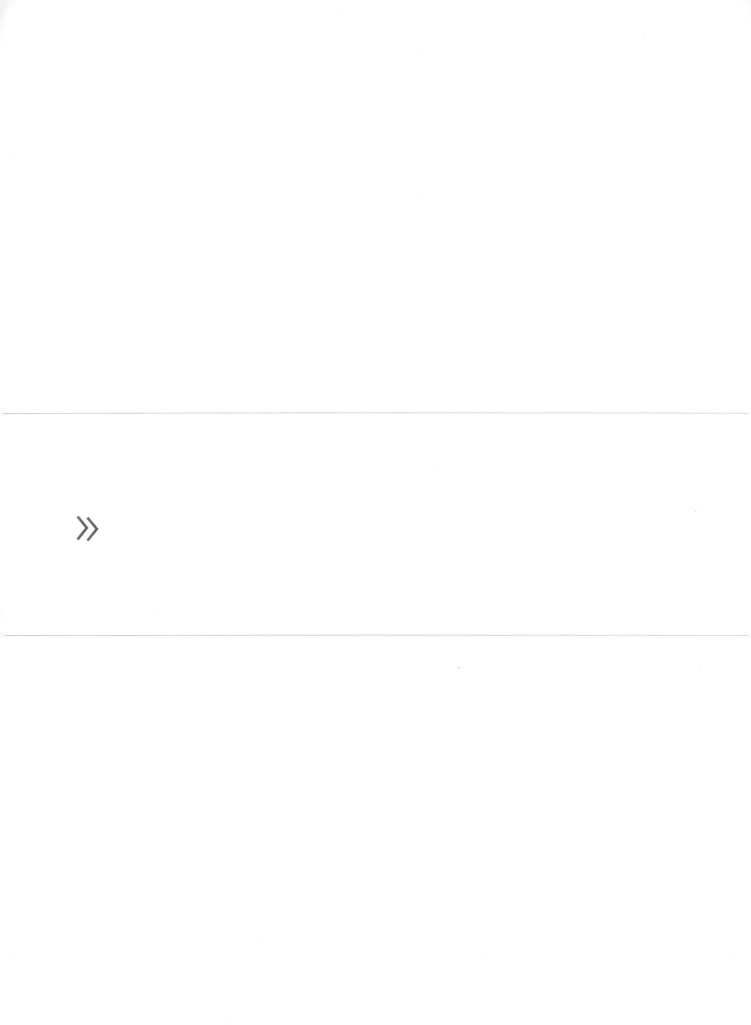

建筑空间景观设计

学校: 中国美术学院艺术设计职业技术学院   指导老师: 黄晓菲   学生: 竺芳芷 姚莉莉 邱慧慧 汪陈陈 胡园君 李蕾蕾 阮丽芬 邱小妹

HANGZHOU, INNOVATION AND ENTREPRENEURIAL NEW WORLD
杭州创新创业新天地景观设计

01

基地现状

基地北临石祥路高架, 东翥杭宣铁路, 主要界面为西南角的长大屋路和东新东路. 作为杭州重型机械厂的旧厂区, 基地内遗存有多处工业遗迹, 包括露天构架, 金属管道, 吊车, 炼钢塔, 铁路轨道, 火车头等. 另外基地内留存有保存的相对完整四栋工业建筑, 处于基地相对中心位子, 建筑外形简洁有力, 错落有致内部空间开敞明亮, 结构构架级富工业感和雕塑感. 妥善的保留将给后人留下很大的财富和工业记忆.

设计说明

杭州创兴创业新天地是重要的机械生产基地, 基地上遗存的工业遗迹随处可见. 这些遗迹让人联想起创兴创业新天地做为重要机械制造场的历史. 用生命之树. 作为这个项目的设计元素, 用"树"顽强的生命力给被污染的工厂带来了新生命的"延续"和"生长". 我们将树做为主要的设计元素应用其中, 树作为日常生活中人们最常见的形象之一, 也是我们最熟悉的生命体形式. 在建筑学领域, 树通常作为景观元素加以表现. 树形空间, 是指模拟树的形态特征和结构原理而形成的景观空间, 树形是景观模拟自然的重要表现, 象征着自然与生命力. 该项目塑造了新的城市地标"树解构"的景观桥, 能吸引大量的市民和游客, 其引入顶尖的创意机构, 还带动了周边休闲、娱乐、文化产业的发展,

区位地图

中国   浙江省   杭州市   下城区

交通分析:

杭州新天地位于石祥路和东新东路交接处, 坐拥石祥路、长大屋路、东新东路和费家塘路等多条城市主次干道, 距武林广场只15分钟车程. 北侧留石祥快速(石祥路段)与绕城高速、上塘高架连通, 东侧秋石快速(石桥路段)与绕城高速及钱江三桥相连.

水系分析:

本案有两条水系, 一条位于本案背面, 一条贯穿本案, 而且在本案南面有个开挖池塘, 水系为多方位-可以很好的利用.

gangway bridge waterscape gangway Chimney square square intersection Ethnic Culture Street Silhouette screen gangway papiermache chair gangway

点评: 新型城市公共综合体选址于具有悠久历史的重型机械厂原址. 景观设计在注入了时代活力的同时, 更加注重对工业文化记忆的传承与回味. 从历史到新生, 如同生命成长之树, 此概念延绵隐含于不同场地的主题表达. 多样化的景观设计语言纷呈、融汇, 为市民提供一个厚重、富有活力的公共空间.

学校：中国美术学院艺术设计职业技术学院　　指导老师：黄晓菲　　学生：竺芳芷　姚莉莉　邱慧慧　汪陈陈　胡园君　李蕾蕾　阮丽芬　邱小妹

TREE OF LIFE
生命之树

这里是运用Y形类似与树权的形态创造了多面体的框架结构的开放空间。桥作为一种链接的象征，传达人与自然的和谐。

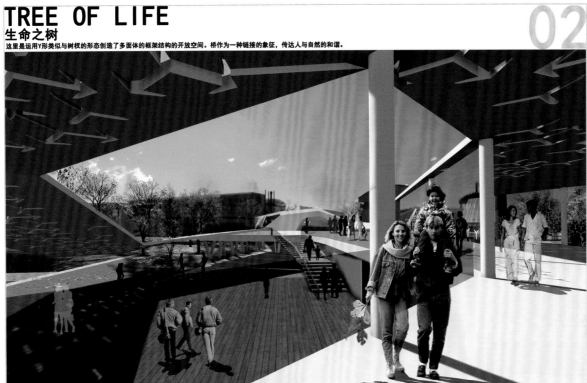

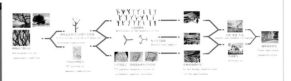

Growth area
生长的地带

树的主题思想就是具有顽强的生命力。重生，寓意着传承与发展，保留与创新，是可持续发展的体现。树的思想是整个方案的设计理念。树作为生命力持续的元素，标志着厂房的苏醒，新型产业的蓬勃生机，灵活地运用在这个方案中的各个区块。

景观桥东立面

景观桥西立面

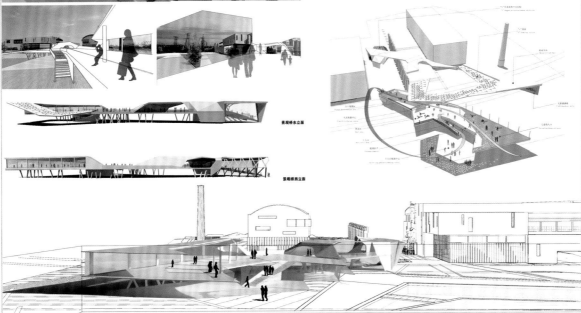

学校：中国美术学院艺术设计职业技术学院　　指导老师：黄晓菲　　学生：竺芳芷　姚莉莉　邱慧慧　汪陈陈　胡园君　李蕾蕾　阮丽芬　邱小妹

TREE OF LIFE
生命之树

用生命之树作为这个项目的设计元素，用"树"顽强的生命力给被污染的工厂带来了新生命的"延续"和"生长"，传承发展独特的地域文化，

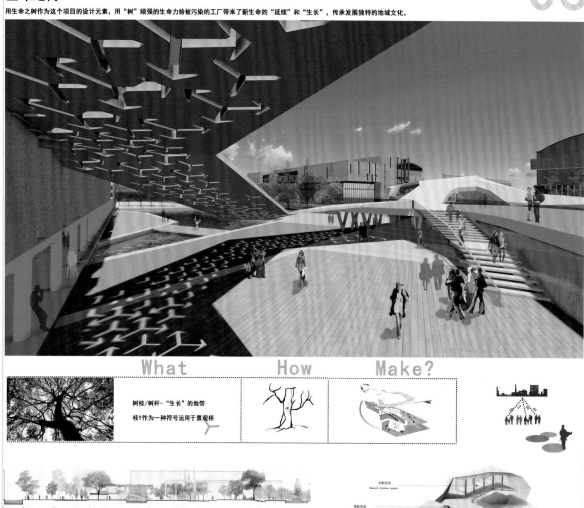

What　　　　　How　　　　　Make?

树枝/树杆-"生长"的地带
枝Y作为一种符号运用于景观桥

中心立面图

桥的入口设计，一端是连接着剧院的二层，还有在中心广场上一个上桥的楼梯设计，桥的
顶棚是由树桠形态的图案镂出的洞，可以透过阳光洒落在桥面上，让人们置身与Y形的
光束下，梦幻般奇妙的感受，让人心情舒适。

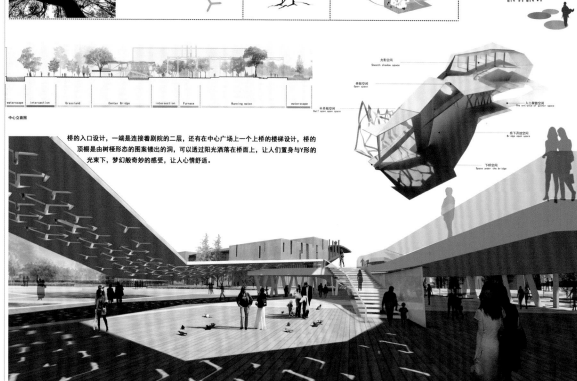

学校：重庆工商职业学院传媒艺术系　　指导老师：张琦　陈一颖　龚芸　　学生：温寒　刘颖　杨俊涵

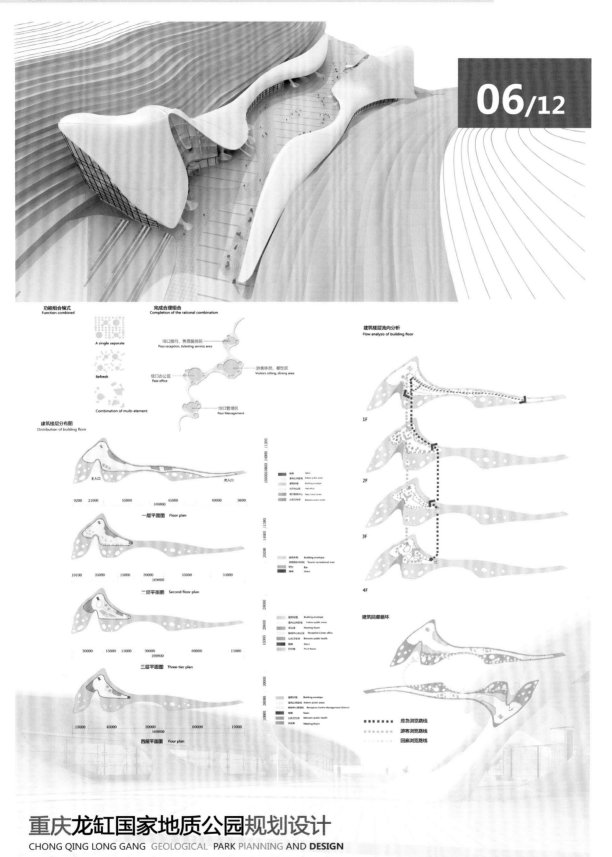

重庆龙缸国家地质公园规划设计

CHONG QING LONG GANG GEOLOGICAL PARK PLANNING AND DESIGN

点评：龙缸地质公园是向游客展示地质景观的地球科学知识和美学魅力的天然的博物馆。其具有特殊的地质意义，珍奇或秀丽的景观特征，这些特征是该地区地质历史，地质事件和形成过程的典型代表。根据特殊的地貌特征，我们将规划大致设为 3 块，新建，恢复，整治。新建垭口管理中心（接待中心），恢复土家老寨子，整治展览馆，根据人们的年龄层次不同，规划了不同区域的游览线路（欢愉之路、冒险之路、顽强之路）以上设计规划希望能对当地经济发展和带动当地旅游业起到一定促进作用。

学校：重庆工商职业学院传媒艺术系　指导老师：张琦　陈一颖　龚芸　学生：温寒　刘颖　杨俊涵

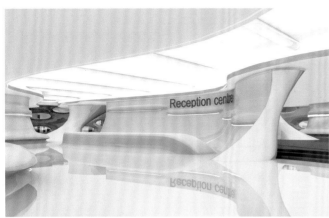

接待中心室内效果图
Reception center indoor rendering

局部效果图
Local rendering

07/12 重庆龙缸国家地质公园规划设计
CHONG QING LONG GANG GEOLOGICAL PARK PLANNING AND DESIGN

建筑回廊
Building corridor

游客接待中心有三大主要功能：展示、服务、管理。建筑的功能要求决定着其功能组成和平组合、空间布局以及室内空间的分隔形式。建筑设计时需要在满足相应功能的同时，还要组织好便捷的交通流线，并塑造出舒适宜人底蕴丰富的室内外空间环境。

游客接待中心的功能还决定着其外部的形态特征和大众的审美意象。同时，建筑风格又受到风景名胜区的地理环境和民俗文化的影响，以及经济技术条件的影响。因此游客接待中心建筑应当体现出当地的地质文化特色，并与外部景观相协调。

Tourists reception centre has three main functions: display, service, management. Building the function requirements of function determines the peace combination, the interior space of the space layout and space form. Architecture design in meet the need when at the same time, and the corresponding function organization the convenient traffic flow line, and create a comfortable background rich inside and outside the space environment.

Visitors to the function of the reception center also determines the external morphological characteristics and the mass of aesthetic images. At the same time, the architectural style and is of scenic geographical environment and the folk custom culture, and the influence of the economic and technological condition the influence. So visitors receive center building shall reflect the local geology culture, and coordinate with the external landscape.

学校：中国美术学院艺术设计职业技术学院　　指导老师：黄晓菲　　学生：翟敏　温丽静　苏忠灿　姚书泽

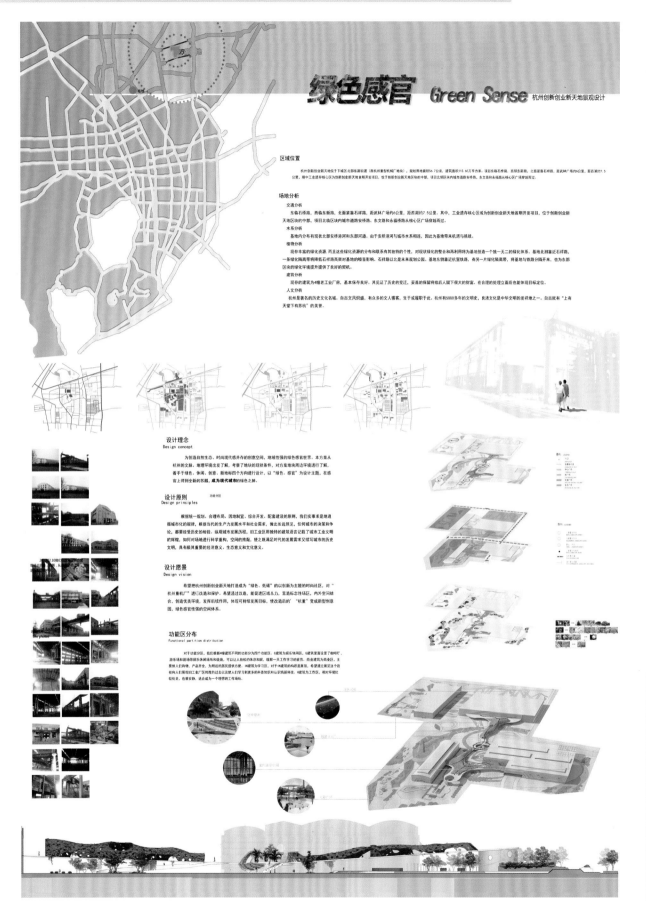

绿色感官 Green Sense 杭州创新创业新天地景观设计

区域位置

杭州创新创业新天地位于下城区北部东新街道（原杭州重型机械厂地块），规划用地面积56.7公顷，建筑面积115.66万平方米，项目东临石祥路，西邻东新路，北面紫藤石祥路，距武林广场约9公里，距西湖约7.5公里。期中工业遗存核心区为创新创业新天地首期开发项目，位于创新创业新天地区块的中部，项目北临城市道路安桥路、东文路和永福桥路从核心区广场穿越而过。

场地分析

交通分析

东临石桥路、西临东新路、北面紫藤石祥路，距武林广场约9公里，距西湖约7.5公里。其中，工业遗存核心区为创新创业新天地开发项目，位于创新创业新天地区块的中部，项目北临城市道路安桥路、东文路和永福桥路从核心区广场穿越而过。

水系分析

基地内分布有现状北部安桥港河河和东部河河道。由于安桥港河与城市水系相通，因此为基地等来机遇与挑战。

植物分析

现存丰富的绿化资源，而且这些绿化资源的分布和联系有其独特的个性，对现状绿化的整合和再利用将为基地创造一个独一无二的绿化体系。基地北邻疆近石祥路，一条绿化隔离带将降低石祥路高架对基地的噪音影响，石祥路以北是未来规划公园。基地东侧邻近杭富铁路，有另一片绿化隔离带，将基地与铁路分隔开来，也为东部区块的绿化环境提升提供了良好的契机。

建筑分析

现存的建筑为4幢老工业厂房，基本保存良好，其见证了历史的变迁，妥善的保留将给后人留下很大的财富。在合理的处理立面后也能体现目标定位。

人文分析

杭州是著名的历史文化名城。自古文风炽盛，有众多的文人骚客，生于或履职于此地。杭州有5000多年的文明史，良渚文化是中华文明的发祥地之一，自古就有"上有天堂下有苏杭"的美誉。

设计理念
Design concept

为创造自然生态、时尚现代感并存的创意空间，地域性强的绿色感官世界。本方案从杭州的文脉、地理环境出发了解，考虑了地块的现状条件，对方案地块周边环境进行了了解，着手于绿色、休闲、创意、新地标四个方向来设计，以"绿色、感官"为设计主题，在感官上得到全新的苏醒，成为现代城市的绿色之肺。

设计原则
Design principles

根据统一规划、合理布局、因地制宜、综合开发、配套建设的原则，我们实事求是地循造城市的肌理，根据当代的生产力发展水平和社会需求，做出长远预见，任何城市的决策和争论，都要经受历史的检验。发挥历史遗产的价值，旧工业采用独特的建筑语言记录了城市工业文明的辉煌，如何对场地进行科学规划，空间的梳理，使之既满足时代的发展需求又续写城市的历史文明，具有极其重要的经济意义、生态意义和文化意义。

设计愿景
Design vision

希望把杭州创新创业新天地打造成为"绿色、低碳"的以创新为主题的时尚社区，对"杭州重机厂"进行改造和保护，希望通过改造，凝固进区活力，营造标志性场所，内外空间综合，创造优美环境，发展后续作用，体现可持续发展目标，使改造后的"杭重"变成新型创意园，绿色感官性强的空间体系。

功能区分布
Functional partition distribution

对于功能分区，我们根据幢幢建筑不同的功能划分为四个功能区，G建筑为娱乐休闲区，G建筑里面设置了咖啡厅，游乐场和酒馆等体闲娱乐场所和设施，可以让人放松的休息和游玩，缓解一天工作学习的疲劳。商业建筑为商业区，主要供人们购物、产品开发，为附近的居民提供方便，IM建筑为教学区，对于IM建筑的构思是展现，希望通过满足这个任何人们视现旧工厂区风貌的过去以及人们学习到更多更知新科技和认识高新科技，H建筑为工作区，相对环境比较优美，色彩安静，适合成为一个理想的工作场所。

点评：该方案在景观设计中引入"城市绿洲"的绿色生态可持续概念，尝试空中花园、垂直绿化等多样景观设计手法，用自由延展的绿色连廊沟通场地中的重要建筑，赋予观者可游、可观、可感的丰富场所体验。

学校：中国美术学院艺术设计职业技术学院　指导老师：黄晓菲　学生：翟敏　温丽静　苏忠灿　姚书泽

漂浮绿洲 FLOATING OASIS

学校：重庆工商职业学院传媒艺术系　　指导老师：刘更 陈一颖 张琦　　学生：陈陶 李仕明 王豪杰 姚宇 彭芊琪 陈欢欢

重庆市北碚区蔡家岗镇灯塔村规划设计方案
Chongqing beibei Caijia dengta The village Planning and design

(1) 商业老街的整治
The business of the old street regulation

(2) 蔡家灯塔村纺织老厂改造（图书馆）
CAI lighthouse village home textile old factory reform (library)

(3) 蔡家灯塔村玻璃老厂改造（文化展示馆）
CAI jia lighthouse village glass old factory reform (culture exhibition)

(4) 休闲广场
Leisure square

(5) 滨河带
Riverside take

目标任务　Task goal

以科学发展观为指导，坚持以人为本、构建和谐、环境综合整治的原则，全面整治商业街，将村镇商业街净化、美化、绿化、亮化，使村镇美誉度、满意度和文明度得到提升。

Guided by the scientific development concept, adhere to the people-oriented, constructing the harmonious, comprehensive environmental control principle, the overall business street, will purify, beautification, village street greening, lighting, make the town reputation, satisfaction and the civilization degree for promotion.

整治方式　The way

整治工程的关键词就是"拆、修、铺、管"。
The renovation is the key words of "open, fix, shop, tube".

关键词：拆 Keywords: open

即拆除影响道路使用功能和道路施工的建筑物，拆除影响景观和观瞻的建筑物，通过拆除来整治街道的风貌。

That is dismantled influence road use function and road construction of buildings, and the dismantling of landscape and much more influence of buildings, through the streets to dismantle the style.

关键词：修 Keywords: fix
重点对门头、墙面、屋顶进行最大限度的恢复改造。
整条街巷的立面整治。

Key head, metope, roof opposite to the maximum recovery transformation. The whole lanes of the facade.

关键词：铺 Keywords: shop
将地上线杆去掉，将空中的供电、通讯、宽带等线路全部落地；
同时，改造雨污水管线，解决排洪不畅、污水冒溢等问题。

Will the ground thread take up take out, will the power supply, communication, such as broadband lines all be born; At the same time, reform, the rain wastewater pipelines, solve PaiHong, flawed sewage take excessive.

关键词：管 Keywords: tube
打造品位较高的步行商业街
精心策划包装、突出特色，
搞好商业定位，抓好管理经营，
打造集商贸、文化为一体的品位较高的步行商业街。

Make higher grade of the commercial walk street masterminded packaging, outstanding characteristics, improve business orientation, pays special attention to the management management, make set business, culture as one of the higher grade of the commercial walk street.

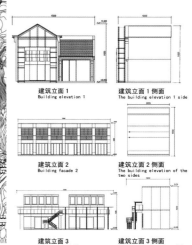

建筑立面 1　Building elevation 1

建筑立面 1 侧面　The building elevation 1 side

建筑立面 2　Building facade 2

建筑立面 2 侧面　The building elevation of the two sides

建筑立面 3　Building facade 3

建筑立面 3 侧面　The building elevation of the three sides

点评：此项目毗邻高速发展的工业园区，其规划设计将提升景区的空间品质及旅游硬件水平。规划的本质在于彰显地区工业特色文化，具有现实意义。设计本身紧紧依据场地条件，空间布局、建筑形态及景观等方面都尊重了周边环境。设计紧扣将这一地区打造成为具有工业特征的旅游区这一设计主题。体现了设计者合理的设计意识。设计从自然，人文，经济等各个层面分析了地块的条件，提出本质问题，得出解决策略，符合空间设计的合理流程及方法，同时设计从整体规划到建筑群落及景观的成果体现都较全面地体现出设计者专业的综合素质与能力。

中国环境设计学年奖

学校：重庆工商职业学院传媒艺术系　指导老师：何跃东　张弛　冉欢　学生：王亮　罗娅　吴涛

大足石刻 宝顶山景区保护与发展详细规划设计

Dazu Rock Carvings Ding mountain scenic spot protection and development planning design

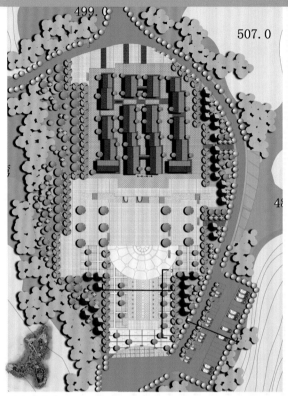

499.0

507.0

第三部分

规划设计部分

3.1 入口广场详细设计

现状分析

建筑散乱，环境脏乱，停车场与游客体憩、停留的地方分隔不清，导视系统不完善，植被的种植散乱，没有季节变化。
The building is messy, dirty environment, parking and tourists rest, where the separation is not clear. The system is not perfect, the vegetation planting scattered, no seasonal change.

设计目标

宝顶山景区入口广场是引导游客进入石刻旅游服务区的核心入口结构，特别是白天由景区返回的游客，将在这里开始感受景区浪漫静逸的另一面，把游客带入服务区。
Ding mountain scenic spot entrance square is to guide tourists into the stone tourism service area core entrance structure, especially during the day by a scenic tourist returning, here will begin to feel romantic quiet area on the other side, the visitors into the service area.

设计构思

1. 两侧将布置具有浓郁宝顶文化的石刻雕塑（石、木等）、小品、图腾艺术品以及石刻文化起源、发展与进步的系列展品；
2. 宽阔景观大道大气的空间能够带给游客舒适的感受，同时生态的景观环境可以体现出景区文化、品味与人性的特点。为充实景观大道的可游性，我们建议在展示石刻文化的同时，将带有科普性、趣味性的项目融入其中，通过模拟、触摸、对比等，让游客有机会更近的接触石头，更好的了解石刻发展形成的过程；
3. 集散和分流的作用，将游客通过视线引导和导览标识疏导到购物中心、旅游服务中心。

The 1 sides will arrange with strong Ding culture stone sculptures (stone, wood), sketch, totem art and stone culture of origin, development and progress of the series of exhibits;

2 spacious landscape Avenue atmospheric space can bring visitors feel comfortable, while the ecological landscape environment can reflect the area culture, taste and the characteristics of human nature. In order to enrich the landscape Avenue can swim, we suggest in the display of stone culture at the same time, with science, interesting projects into one, through simulation, touch, contrast, give visitors the opportunity to more recent contact with the stone, a better understanding of the development process of the formation of the stone;

The 3 distribution and triage role, will guide and guide visitors through the eye logo grooming to shopping centers, tourist service center.

设计说明

整个广场可以分为三个区
1. 功能区　　　以集散、表演为主，体现广场实用性
2. 文化区　　　展示大足石刻历史文化
3. 主题景观区　反应大足人民的时代精神和面貌和宝顶山石刻景区发展的中心主题

有主入口广场，首先进入视野的时长50米宽16米的景观大道。大道两旁是创腾喷雾营造出宏大的热烈场面，大道中间是石刻文化发展史做为一个背景墙，既是一个造景手段，同时也也尽可能的显示大足石刻历史、文化、艺术等。景观大道前是一个半圆和方形集散，表演台来源于古之天方圆。地为方，今有天圆地方之说。

The whole square can be divided into three zones
1 functional area to distributing. Performing the main square, embodies the practicality
2 cultural display area of Dazu rock carvings of history and culture
3 themes of landscape zone reaction Dazu people's spirit of the times and the appearance and development of Baodingshan grotto scenic central theme

The main entrance plaza, First came into view when 50 meters long 16 meters wide landscape Avenue, Avenue is the creative fountain to create great warm scene, Avenue in the middle is a stone culture history as a background wall, is a landscape means, at the same time also as far as possible. "Dazu rock carvings in history. Art and culture. Landscape Avenue is a semicircle and square distribution. The show originates from ancient days Park. For the party, there is a world where said

道路分析　　　节点分析　　　观景轴线分析　　　公共设施分析

1--1 剖面

2--2 剖面　　　3--3 剖面

广场效果图

学校：广东轻工职业技术学院艺术设计学院环境艺术设计系　　指导老师：彭洁　赵飞乐　陈洲　学生：王智辉

广东轻工职业技术学院环境艺术系　　作者：王智辉　　导师：彭洁

马坝人 - 石峡遗址公园
The horse dam people-shixia ruins park

专家研究中心方案设计
Experts research center solution design

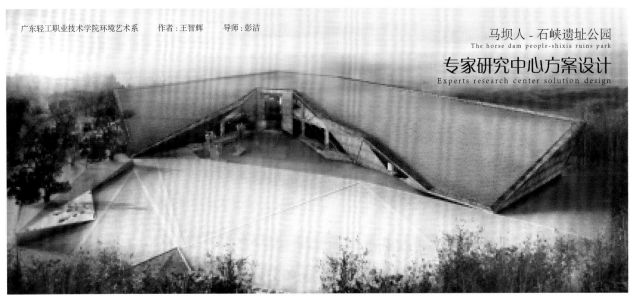

项目分析
Project Analysis

设计由来
Design origin

由于马坝人 - 石峡遗址公园具有重大的科学研究价值，为了提供一个研究和交流的平台，能更好的以科学的技术保护遗址，并开发展利用的前景下，迫切而需要的建设一栋综合性的办公楼，为科研专家提供一个专门的研究场所

设计目标
Design goals

将专家研究中心建成以科研办公为核心，集餐饮、公寓住宿于一体的综合性办公楼，为科研专家提供一个专门的场所

设计标准
Design standards

以遗址保护的前提下，结合可持续发展的原则，合理利用和发展，达到科研和开发的标准

设计概念
Design concept

卧澜听石

概念解释：依附着神州大地，聆听史实以往的时空，展现人类的文明史
元素运用：石头的棱角

感念联想
Design Legend

传说天地开辟，未有人民，女娲抟成黄土做人，人类便开始以黄土为地，日夜为伴，聆听人类发展史。
"马坝人"与"石峡文化"是人类发展史中的又一篇章，展现出人类与大自然的息息相关。
专家研究中心便是以一群专家和学者为首，脚踏实地着黄土大地，用大自然的产物——石头，利用石头的折线元素，体现出现代人类对历史文化的科学利用、尊重与研究。

服务对象
Service object

1. 科研专家：进行学术交流、研讨、办公和参加会议
2. 工作人员：服务于研究中心的餐饮、管理和平常的日常运作

项目区位
Project location

马坝人—石峡遗址位于广东省韶关市曲江区马坝镇西南约1.5公里的狮子岩地区，专家研究中心位于遗址公园原马坝人博物馆的旧址面新建，靠近遗址公园的东入口，背靠职业学校，正对着狮头山。
地理坐标为东经113°34′43″，北纬24°40′32″。

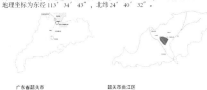

广东省韶关市　　　　　韶关市曲江区

遗址公园 - 专家研究中心

建筑演变
The evolution of architecture

聆听

石头

以聆听历史的态度
依附在大地的姿势
运用石头的折线元素
演变建筑的体块

建筑总平面
Construction general plane

交通流线
Traffic line

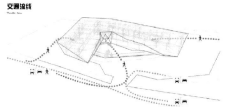

公共建筑室内设计

学校：广东轻工职业技术学院艺术设计学院 环境艺术设计系　　指导老师：梅文兵　　学生：何健文

林·幽涧
西餐厅设计 Western restaurant design
毕业设计 Graduation design
广东轻工职业技术学院.艺术设计学院
环境艺术设计094　　何健文

地理位置

广州二沙岛

周边环境分析

广州为一个国际化都市，生活节奏快，工作压力大.生活环境拥挤

二沙岛作为广州市海珠区的文化休闲带，
濒临珠江，休闲的环境与一江之隔的市中心形
成鲜明对比

设计定位

关键词：　现代　自然　舒适　静谧
人群定位：年轻时尚白领
空间特点：从概念中进行提取特点
品牌定位：休闲类主体餐饮空间

设计概念

林幽涧

涧，山夹水也。——《说文》
月出惊山鸟，时鸣春涧中——王维《鸟鸣涧》

繁华的大都市背后是多少人的叫苦连天。以此
为切入点进行设计，选取"山中幽涧"这一自
然场景作为概念，提取空间要素营造意境。

概念空间分析

地形的高
低错落形
成的空间
感

被茂密树
林打碎的
光，疏漏
的空间感

树枝，石
头，鸟等
象征性物
件的运用

植物沿水
流两旁生
长，形成
曲径通幽
的空间感

学校：广东轻工职业技术学院艺术设计学院 环境艺术设计系　指导老师：梅文兵　学生：何健文

猎德大厅

概念元素提取

西餐厅设计 毕业设计

Western restaurant design　Graduation design

简约现代的前台，凸显背景墙的自然气息 总服务台

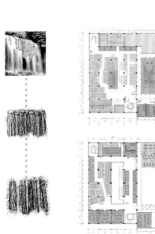

学校：广东轻工职业技术学院艺术设计学院 环境艺术设计系　指导老师：梅文兵　学生：何健文

庭院造景

  西餐厅设计 毕业设计

Western restaurant design　Graduation design

设计主要强调空间的自然性，高低错落，庭院水景，纵深感强调中空，向天花延伸到背景墙，曲折的空间布置等都是设计的重点，然后才是形态材质上的考究

透过有丝一般纹理的大面积落地玻璃和众多小鸟挂饰组合成的图画的组合，欣赏者窗外的景观，在树底下般的空间形态下就餐，是一件多么惬意的事情

餐厅包房

吧台区

学校：广东轻工职业技术学院艺术设计学院 环境艺术设计系　　指导老师：彭洁　赵飞乐　陈洲　　学生：余贵洲　杨婉君　陈文辉

"追溯"主题酒店设计

建筑外观效果图
BUILDING EXTERIOR RENDERING

广东轻工职业技术学院：学校
余贵洲、杨婉君、陈文辉：作者
彭洁、陈洲、赵飞乐：指导老师

河流冲刷大地后留下的痕迹，根据河流冲刷后留下的痕迹，我们提取其流向形式，和冲刷后形成的高低差，利用这些高低差，建墙，开门洞，由此得出的设计想法

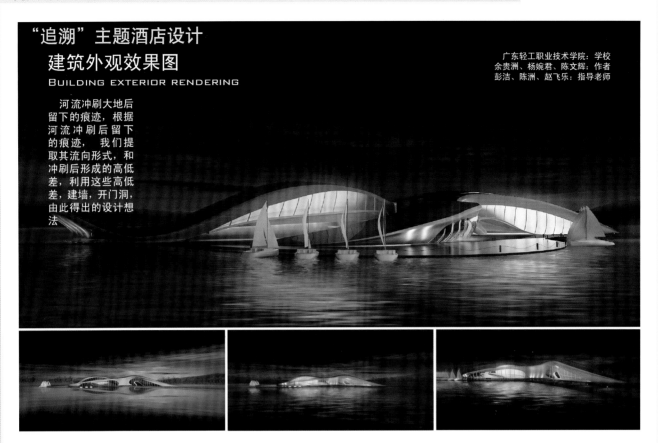

总平面人流路线图
THE TOTAL PLANE POURED THE ROADMAP

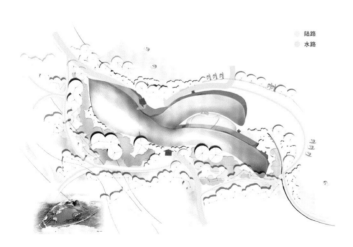

○ 陆路
○ 水路

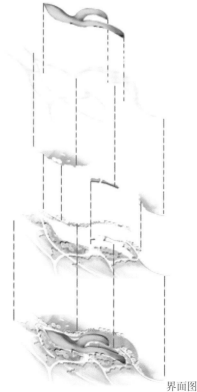

　　酒店周边有丛林区，与滨水区、博物馆隔湖相望，形成对景。与两者之间处于异质共存的关系。

　　因为酒店周边地形的高差不大，我们不能像博物馆那样与地形结合，我们只能是让我们的建筑不高于8米，相当于比丛林区的高度要矮，那就能更好地与丛林区融合在一起，也不会抢了狮头山和狮尾山这两个主题。

　　我们的建筑是从地面慢慢升起一定的高度，又要保持河流的特性，流向性，和方向性，连绵不断。而建筑周边环境就没有作太多的变化，保持原有的生态环境，保护是我们的目的，提升遗址公园的价值是我们的目标。

界面图
INTERFACE DIAGRAM

学校：广东轻工职业技术学院艺术设计学院 环境艺术设计系   指导老师：彭洁 赵飞乐 陈洲   学生：余贵洲 杨婉君 陈文辉

建筑大堂效果图
HOTEL LOBBY EFFECT CHART

广东轻工业技术学院：学校
余贵洲、杨婉君、陈文辉：作者
彭洁、陈洲、赵飞乐：指导老师

酒店大堂设计说明
THE LOBBY OF THE HOTEL DESIGN

大堂设计在造型上比较新颖，空间运用曲线的元素体现河流冲刷的感觉，空间的灯光设计得较暗，为大堂塑造一个让人感到非常宁静享受的场地，同时运用了冷暖对比，让空间感更有层次。

精品餐厅设计说明
BOUTIQUE RESTAURANT DESIGN

室内空间用了反光强烈的不锈钢做天花饰面，更有河流在阳光下闪烁的模样。精品餐厅中心有一个像流水冲破的水柱，同时流水往前方冲去，形成水瀑，整个空间像被水冲过，留下了一条条大小不同的痕迹，细而长，气氛宜人。

酒店客房效果图
HOTEL ROOM EFFECT CHART

酒店客房设计说明
HOTEL ROOM DESIGN

客房的设计风格以简约、大气、时尚为特点，以大地河流为主题，空间的灯光设计以柔和的暖色调为主，给人营造一种舒适温馨的居住空间。

学校：中国美术学院艺术设计职业技术学院　　指导老师：孙洪涛　　学生：戴男　金仪文　杨心怡　陈佳慧　乐婷婷　张弋　杨帆　潘凯凯

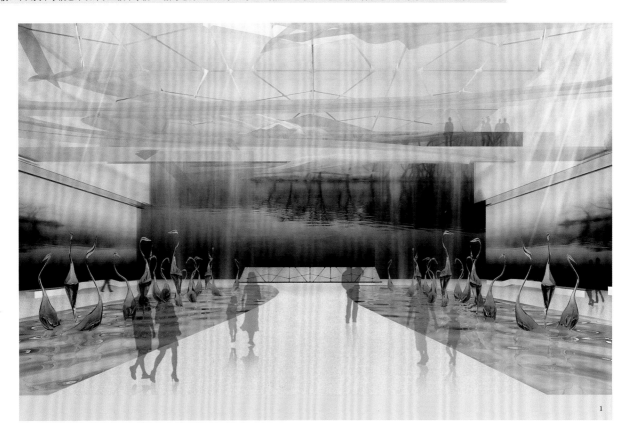

项目名称：　杭 州 非 物 质 文 化 遗 产 馆
　　　　　　Hangzhou non matter Cultural Heritage Museum
项目地址：　杭 州

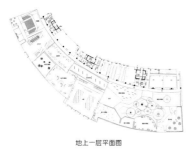

地上一层平面图

地下一层平面图

设计说明：

　　本案主要展示的是杭州非物质文化的内容，采用简单明朗的色彩营造出江南的氛围，来表达杭州这座具有历史文化的城市的古都。在传统博物馆的基础上进行创新。在灯光上，强调了灯光在展示空间中的作用，使灯光能更好的与空间结合，让空间更具展示氛围。在投影上，强调了展示空间的互动性，将馆内加入大量的互动投影设备，以便满足更多参观人群的需求。

　　加上电脑对灯光和投影的空间，使展馆更加人性化、简便化。在展馆内运用大量的电子显示屏和投影影像模式，营造具有杭州秀丽风景和人文特色的氛围来展示杭州的非物质文化遗产。

　　通过视觉上的震撼效果，以及高科技成像的技术的变幻性，来达到展示杭州非物质文化遗产的内涵和意义。在这样的前提下，我们将杭州非物质文化物品的特征进行夸张化和抽象化，运用构成的渐变、放射、重复等手法，形成阵列关系，使整体更和谐的，更加具有创新。

　　在空间流线布局方面尽量满足参观者和工作人员的需求。

点评：杭州市非物质文化遗产保护中心位于萧山区和滨江区交界、钱塘江与七甲河交汇处，是展示杭州以及浙江物质文化为一体的综合展示中心。学生从各非物质文化遗产项目特点入手，收集了大量相关资料，将其分类如民俗类、曲艺类等并进行分析，从中吸取设计元素进行提炼，以现代的、戏剧化的设计手法进行展馆的空间氛围营造。空间布局上通过控制展示空间大小、通道的宽度等方法，达到控制人流的方向、流量和速度的目的的布展方式，并在部分展馆设置大量让参观者参与互动的空间。

学校：广东文艺职业学院艺术设计系　　指导老师：任鸿飞　　学生：欧进权

学校：广州美术学院继续教育学院环境艺术设计系　　指导老师：钟志军　　学生：彭绍蕾

南华西
SOUTH west China

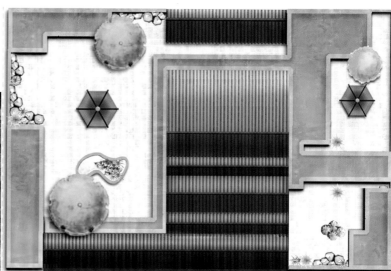

■**周围**■■■**分析**
■ 内环路－南田西路连接宝岗大道与工业大道北。
■ 仁和直街－有各种小商铺、酒楼食肆，是历史上所谓的第二个繁盛时期的小商业街。
■ 四条小巷－古民居建筑围绕着冯家大院[有昆仑后街、龙导新街、联鹏大街、大庆里街]
■ 冯家大院－主楼坐南朝北，左右宽三开间，一正两偏，前后五进相连。

■■ **现状**
■■ 4条小巷绕住冯家大院，门口■■■■■■，民居楼房■■■■■，景观
单调、乏味。大院的景观与周围环境不协调，原有■■■■■■，没有完全
体现出■■■■■■■

长廊：既有分隔与组织空间的作用，又是园林的导游线。　　六角亭：亭柱等处均雕纹饰，给有清供鉴画与诗句。　　屋脊上的灰瓦石雕，古建的排水管，遥相呼应，各显千秋

1. 区域环境分析

■ 1900-1920年岭南古民居　　■ 活动闲置空地
■ 1940-1960年阶段现代商品民居　　■ 海珠区鹤鸣小学
■ 冯家大院　　■ 篮球场
■ 停车场

区域环境分析

地理环境特征　江景

区域环境分析　公园

　　　传统文化

　　　现代文化

传统习俗　民间粤剧
　　　　　赛龙舟
　　　　　扎纸

　　　　传统风貌性建筑－祠堂
　　　　　　　　　　　　　骑楼
　　　　　　　　　　　　　西关大屋
　　　　　　　　　　　　　石板桥

传统岭南文化　历史性建筑　邓世昌纪念馆
　　　　　　　　　　　　　双青楼

　　　　　保护性建筑　青砖大屋
　　　　　　　　　　　将军庙
　　　　　　　　　　　岭南园林

现代艺术　彩瓷艺术展厅
　　　　　摄影写生
　　　　　画廊

发展旅游业　文化考察团
　　　　　　旅游团

2. 设计元素

岭南建筑特点　现代建筑形式

越秀门："越秀门"在日益现代化的广州城突显着历史的和文化。
独特的形式中国元素系列，力求突出中国文化特色，
彰显华夏文明的魅力。

芭蕉树：枝疏似树，俄剧非本。
高耸墨阴芭蕉树带来清凉的浓阴与生活的雪觉，
使孤窗的生活又多了一个鲜明悦目的支点。

水：老子说："上善若水，水善利万物而不争。"
"水"的存在拓宽了视觉，柔化了石材玻璃的冰冷感

"彩色玻璃"是广东传统建筑的独特装饰艺术。
结合本地建筑的厅堂运行装饰，使厅堂显现出的肃雅柔和，
平淡诗情雨意之妙。

3. 设计构思分析

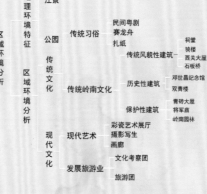

现代空间风貌

传统建筑形式　融合　岭南传统文化

提升空间形式　添加　保留　传统符号

拓展空间布置规划　原有合理功能

1. 选择保留
以传统文化、区域合理内容进行保留，并升格为意境之美，
保留原有的精神面貌

2. ■■融合
岭南传统建筑形式与现代建筑形式融合营造之精丰富广博
深渊的现代岭南文化风貌。

3. ■■■■
提升空间的布置与规划，创造现代空间的未来。传承着人
与自然，诗情画韵的生活境界、洋溢民族生活美学的文化
之美。

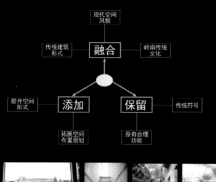

4. 传统街道

传统街道　现代都市

替换　■■市完全现■■
交融　■■■市交融
保护　■■为文物保护■
协调　如何保留传统文化与现代
　　　发展规模协调，融合一起

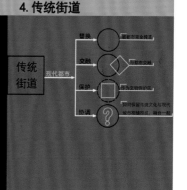

设计：彭绍蕾

学校：广州美术学院继续教育学院环境艺术设计系　　指导老师：钟志军　　学生：彭绍蕾

SOUTH west China　SOUTH west China

7　影像展馆一
8　影像展馆二
9　扎纸馆
10　彩瓷馆
11　棋艺茶馆

学校：重庆工商职业学院传媒艺术系　　指导老师：张琦　陈一颖　徐江　　学生：张海涛　高婷婷　覃探

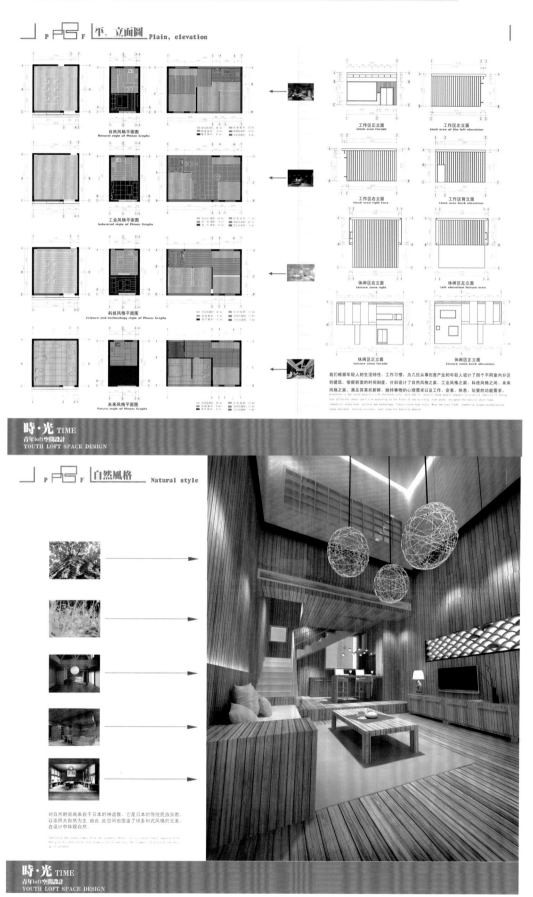

⌐PSF 平、立面图 Plain, elevation

自然风格平面图
Natural style of Planar Graphs

工业风格平面图
Industrial style of Planar Graphs

科技风格平面图
Science and technology style of Planar Graphs

未来风格平面图
Future style of Planar Graphs

工作区正立面
black area facade

工作区左立面
black area the left elevation

工作区右立面
black area right face

工作区背立面
black area back elevation

休闲区右立面
Leisure zone right

休闲区左立面
left elevation leisure area

休闲区正立面
Leisure zone facade

休闲区正立面
Leisure zone back elevation

時·光 TIME
青年loft空间设计
YOUTH LOFT SPACE DESIGN

⌐PSF 自然風格 Natural style

時·光 TIME
青年loft空间设计
YOUTH LOFT SPACE DESIGN

点评：该设计在思考当今人与人交流困难的基础上作出适当的设计判断，试图用巧妙的空间语言来解决当代人居问题。设计着眼点独到。用四间小小的 loft 组成一个小型青年社区，并赋予不同风格，设计脉络清晰、明确。

学校：深圳技师学院　　指导老师：余婕　王辰劼　　学生：黄家源　李雅君

重組・塑造・分享

動漫工場方案設計
Animation Studio Design

方案介紹

此方案是遊戲製作專業與卡通動畫專業所設計的一套設計工場方案，此次的設計對於學生本身正是一道突破點，可更加能表達學生本身的追求以及夢想。

專業特徵解讀

遊戲製作專業與卡通動畫專業專是一種綜觀藝術門類，是工業社會人類尋求精神解脫的產物，是一種求新、求變、求奇、發展創新的專業。這是動畫和遊戲專業最典型的特徵。

設計理唸

創新為基礎，打造空間的共享性，促進師生交流，給予空間自由、輕鬆、釋放的氛圍。

方案構思

由分析理唸設計：
求新、求變、求奇：大膽的格調變化。
精神解脫：放鬆，心曠神怡（氛圍的設計），打造素雅、有趣的風格。
註八人性趣味屬性，適用于此方案的屬性有
互適：空間的分割與交流。
精神：整個佈局創新以及設計理唸的詮釋。
體量：整體性的牆體、天花、地麵造型。
信息：元素、作品等（表達學生在精神創作上的追求）

設計元素、靈感

霍蘭德的屬性六邊形。

六大類型关系

設計概唸與分析

首先從佈局上考慮，根據場地調研情況，發現空間麵積有限，就此運用較為利用空間的六邊形格調，符應英國著名心理學家霍蘭德的屬性六邊形，他的主要思想是六邊形的屬性（人的個性和職業屬性）人們一般所偵懂于尋找與其個性一緻類型，然而動畫與遊戲專業正是塑造事物，表達人類慾望情感，精神解脫的專業。在遠教學平標，六邊形元素，用于此環境顯得恰到好處，突韵精神思想。

霍蘭德的屬性六邊形

職業性屬性　　職業性屬性（圖例）　　運用在遊戲上的人物屬性

六邊形的六個角分為代表霍蘭德所提韵的六種類型，六種類型之間員有一定的內在聯繫，他們拍照彼此間相似程度定位，相鄰兩個雜度在各種特徵最為相近。

傳統教室分析

對于傳統教室/工作室的現狀觀察，普遍韵現幾種問題：
1：空間設計對于學生創作靈感受影響。
2：無課余場所休息、休閒，使學生壓力無處釋放。

平麵佈弱

樓層的教學模式採用流程一體的學習工作格調，促進交流、方便、有效輕鬆辨認心理導嚮的功能。

1：編導工作室　　2：樓本分鏡工作室　　3：原畫工作室　　4：二維工作室
5：三維工作室　　6：特傚工作室　　7：后期工作室

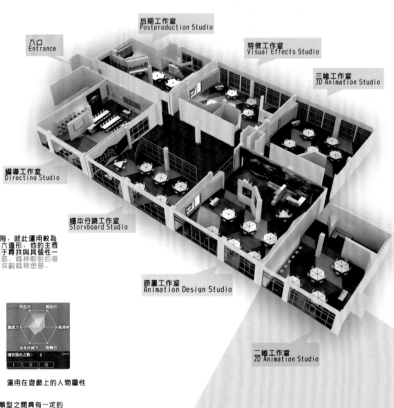

后期工作室
Postproduction Studio

入口
Entrance

特傚工作室
Visual Effects Studio

三維工作室
3D Animation Studio

編導工作室
Directing Studio

樓本分鏡工作室
Storyboard Studio

原畫工作室
Animation Design Studio

二維工作室
2D Animation Studio

居住建筑室内设计

学校：广州工程技术职业学院艺术与设计学院　　指导老师：林志辉　陈婕娴　　学生：刘海南

学校：广州工程技术职业学院艺术与设计学院　　指导老师：林志辉　陈婕娴　　学生：刘海南

2012 环境艺术设计专业
畢業設計作品

广州工程技术职业学院
GUANGZHOU INSTITUTE OF TECHNOLOGY

2012 Foshan play Vanke Crystal City single villas design

巧妙运用原始布局造型，空间一蹴而就，大面积落地窗，除将光线提到部分室内外，更可透过落地玻璃窗看到2个庭院美景尽收眼底，6米高是室内空间尽显豪华。

客厅

学校：广州工程技术职业学院艺术与设计学院　　指导老师：林志辉　陈婕娴　　学生：刘海南

主卧十分淡雅

布置和家具没有喧嚣与繁冗

一派宁静悠远

设计将原本过高的天花适当的降低

运用了一些简单的天花饰线增加了天花的层次

运用不同质的皮革

区分出不同的功能区

右边的西式装饰画破开看整个空间的沉寂

显得更有活力

主卧平面布置上画了很大心思

整个空间动线形成一个回路

学校：广州美术学院继续教育学院环境艺术设计系　　指导老师：钟志军　　学生：梁纪颖

中国环境设计学年奖

学校：广州美术学院继续教育学院环境艺术设计系　　指导老师：钟志军　　学生：梁纪颖

学校：广东轻工职业技术学院艺术设计学院 环境艺术设计系　指导老师：徐士福　学生：廖明敏 麦玮鑫

演變/分析 2
EVOLVEMENT ANALYSIS

建築設計基礎來源於山西平遙古城的民居建築。通過對建築體的基本瞭解，將其結構進行簡化。隨後將建築體以從整體到個體的方式進行初步拆解，根據實際需求對每一個個體進行改造，在原來的中庭位置改為水景小品。根據業主對建築的使用需求考慮各種空間的面積，建築體與建築體之間形成高低、大小及長短的落差。打破原建築的結構空間，使各建築體間的空間產生變化，減少建築之間沉悶的對稱特點，不同的角度有不一樣的視覺效果。在其中一座建築體側加入一道牆體，再次打破空間，加強整體韻味。

別墅選址于深圳市龍崗區中心城主幹道範圍。
一、交通便利，出行方便。
二、緊挨余石嶺山，擁有一線山景。
三、綠化面積廣，旺中帶靜，環境優雅。
四、周邊設施完善，綜合型商場、會所、體育場等。

▬▬▬ 無為塵第別墅選址
▬▬▬ 周邊區域綠化分佈
▬▬▬ 行車路線
▬▬▬ 附近商業區域分佈
▬▬▬ 住宅區·公寓分佈

概念/分析 1
CONCEPT ANALYSIS

無為塵第

Fallen Paradise of Pureness
VILLA DESIGN

廣東輕工職業技術學院
藝術設計學院

GUANGDONG INDUSTRY TECHNICAL COLLEGE ART&DESIGN BRANCH

廖明敏
LiuMingMan

麥瑋鑫
MakWaiKam

指導老師：徐士福

点评： 本套"无为尘第"别墅设计，走的是"中式园林住宅"的线路，通过道道直墙的错落，营造出一个具有现代感和中式古典神韵相互交融的人文空间。充分运用借景、渗透等手法，将墙体、植物、水面等设计元素巧妙地融合到空间里，呈现出小中见大、曲径通幽的中式园林的情调。在现代快节奏的都市生活氛围下，该设计倡导一种古今并蓄"新文人"的慢生活方式，在这里沉下的是燥气，升起的是淡雅。

学校：广东轻工职业技术学院艺术设计学院 环境艺术设计系　　指导老师：徐士福　　学生：廖明敏　麦玮鑫

『無者，明恍惚之妙也；為者，明變通之理也。』

成品/展示
FINISHED 4
EXHIBITION

別墅主要的公共空間對流通風，兩側裝有透光折疊門，可根據實際情況呈開放、封閉或半封閉狀態。飯廳及廚房同樣可與室外相通，採光效果較好，燈光主要以暖調燈光為主。室內空間寬敞與室外空間阻隔較少，可作聚會、活動等用途。中庭水景的通道可通往客臥、主臥等區域，利用水景將公共空間與私人空間進行區分，保證其私密性。裝飾方面以簡約與禪意風格混合搭配，傢具以木質為主，地毯加強舒適性。

学校：广东轻工职业技术学院艺术设计学院 环境艺术设计系　指导老师：兰和平　学生：吴培彬

朴 别墅设计

学校：广东轻工职业技术学院　姓名：吴培彬　班级：环节091　导师：兰和平

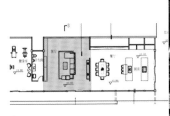

客厅

室内设计中大量使用木材作为材料，注重材质的质感表现还有色彩之间的搭配，努力创造一个温馨与亲切，带有自然原生态的室内空间.

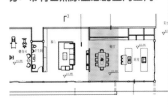

餐厅

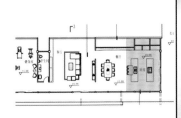

厨房

开放式的厨房，通过木头隔断进行分割，确定各自的功能区域，又让整个空间显得开阔、明朗。

学校：河北艺术职业学院　　指导老师：宋端　　学生：张慧越

轶 YI

本案的餐厅与卫生间与以往餐厅与卫生间的设计不同，本案均做了石膏造型，突破了以往餐厅和卫生间的单调，使之具有生命的活力。

学校：顺德职业技术学院设计学院　　指导老师：周峻岭　谢凌峰　彭亮　　学生：郑智金　黄海涛　江振东

The container housing design

【毕业设计】集。合 箱体
逢沙村集装箱青年公寓
The container housing design

【建筑外观】

【公共空间】

【室内效果】

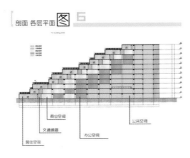

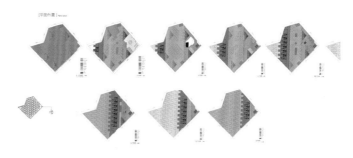